Dizhi Zaihai Yibaiwen

地质灾害100问

项伟 编著

中国地质大学出版社有限责任公司
ZHONGGUO DIZHI DAXUE CHUBANSHE YOUXIAN ZEREN GONGSI

前 言

我国山地多，地质灾害频繁发生。普及山区人民地质灾害知识，提高他们识别地质灾害的能力，有助于山区人民预测与躲避地质灾害，减少财产损失，避免生命伤亡悲剧的发生。受中国科协科普部委托，中国地质大学（武汉）教育部长江三峡库区地质灾害研究中心开展了科普图书《地质灾害100问》的科普创作工作。《地质灾害100问》以山区中最常见的滑坡、崩塌、泥石流等地质灾害为主题，通过浅显易懂的文字、形象生动的插图向山区的广大居民、中小学生、乡镇以及村组的干部传播、普及有关地质灾害的科学知识。

全书分为“发生在我们身边的地质灾害”、“知识小拓展”、“揭秘崩塌”、“崩塌的危害与诱因”、“崩塌的知识与避让”、“崩塌的预防与防治”、“揭秘滑坡”、“典型滑坡的形态结构”、“滑坡的危害”、“诱发滑坡发生的因素”、“滑坡识别与避让”、“滑坡评价的科学方法”、“滑坡治理与自救”、“滑坡与其他灾害”、“揭秘泥石流”、“泥石流的危害”、“泥石流发生的规律与诱发因素”和“泥石流的防范措施与自救”18个部分。

《地质灾害100问》由项伟教授编著，郎林智博士，张姝、顾晶、黄伟、雷雯、夏冬生、宋佳航等硕士参与了全书图片和数据资料的收集与处理工作，狄丞讲师，邢煜莹、刘飞和陈小玲等同学参与了全书漫画的创作工作。

本书编写过程中得到了教育部长江三峡库区地质灾害研究中心、中国地质大学（武汉）艺术与传媒学院和中国地质大学出版社的支持和帮助。同时，这本书还得到了中国科协高校科普创作与传播试点活动项目的资助。谨向他们致以衷心的感谢！本书为公益性质的科普读物，资料来源广泛，在此对所引用资料的作者一并感谢。

由于编写和统稿时间仓促和水平所限，谬误和不当之处希望读者批评指正。

Contents

目录

发生在我们身边的地质灾害

知识小拓展

揭秘崩塌

崩塌的危害与诱因

崩塌的识别与避让

滑坡识别与避让

滑坡灾害评价（识别、预测和预警）的科学方法

滑坡治理与自救

滑坡与其他灾害

揭秘泥石流

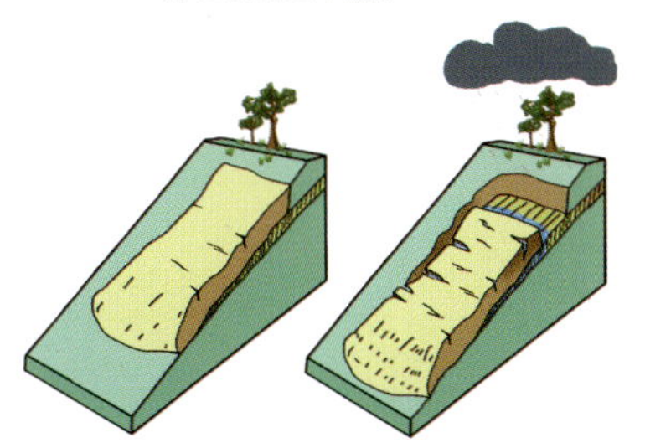

泥石流的危害

泥石流发生的规律与诱发因素

泥石流的防范措施与自救

发生在我们身边的地质灾害

地质灾害一

2010年4月25日，台湾3号高速公路南下3.1km处的基隆市七堵区玛东山区，发生台湾公路有史以来最严重的山体滑坡地质灾害，整座山由西往东轰然倾泄，移到高速公路上，形成长约200m、宽100m，五六层楼高，面积约有两个足球场大小的滑坡面，造成南下北上双向6线道全部断开。这次地质灾害还造成4辆车被埋，5人遇难。

地质灾害二

2010年8月13日夜间至14日凌晨，突降的暴雨引发汶川县多处发生泥石流、塌方等地质灾害，10多个乡镇交通、通信、电力中断；银杏乡毛家湾发生约3万m^3的泥石流冲入岷江形成堰塞体，产生蓄水量350~400万m^3、长度约2 000m的堰塞湖，淹没国道213线。这一地质灾害导致13人死亡、59人失踪。

地质灾害三

2010年8月7日22时许，甘南藏族自治州舟曲县发生特大山洪泥石流地质灾害，泥石流造成沿河房屋被冲毁，并阻断白龙江，形成堰塞湖，导致1 248人遇难，496人失踪。

地质灾害四

2010年9月1日23时左右，云南省保山市隆阳区瓦马乡河东村大石房村发生山体滑坡地质灾害，导致至少24人死亡，24人失踪。

地质灾害五

2013年2月18日11时37分，贵州省凯里市龙场镇鱼洞村岔河高约200m的山体发生崩塌，掩埋了附近平地煤矿春节假期临时值班点工棚，造成5人遇难。

地质灾害六

2013年7月10日，都江堰市中兴镇三溪村发生特大型山体滑坡地质灾害，导致11户村民的房屋被毁，至少18遇难、107人失踪。

那些不为人知的，依旧在破坏我们家园的，伤害我们亲人、朋友的灾害……

地质灾害瞬间把我们美丽的家园变成了废墟，
地质灾害瞬间夺去了我们的亲人、朋友，
地质灾害瞬间打破了我们原本温馨、平静的生活！
妖魔？鬼怪？地质灾害究竟是什么？
为什么我国地质灾害频频发生？
我国的哪些地区容易发生地质灾害？
我们又应该如何去认识地质灾害？
面对地质灾害，我们应该如何保护我们的家园？
面对地质灾害，我们应该如何保护我们的亲人、朋友？

1　什么是地质灾害？

地质灾害是指由自然因素（暴雨、地震等）或者人为活动（开矿、修路、修建水库等）引发的，危害人民生命和财产安全的自然现象。例如山体崩塌、滑坡、泥石流、地面塌陷、地裂缝、地面沉降等自然现象是我国常见的地质灾害。地质灾害突发性强，可预见性差，防治难度高，发生后容易造成人员伤亡和较大的经济损失。崩塌、滑坡、泥石流在山地、丘陵地区极易发生，属于山地、丘陵地区典型的地质灾害，并且造成的损失也比较严重。所以，崩塌、滑坡、泥石流（又被称为崩、滑、流）等突发性地质灾害是我国地质灾害防治的重点。

2　我国哪些地区容易发生地质灾害？

在我国，地质灾害（崩、滑、流）集中分布在甘肃、陕西、四川、贵州、西藏、云南、广西等地。四川、云南等地为我国的地质灾害的重灾区，这两地区的崩塌、泥石流和滑坡地质灾害广泛发育；甘肃省内泥石流和滑坡灾害分布区域较广，灾害也比较严重。

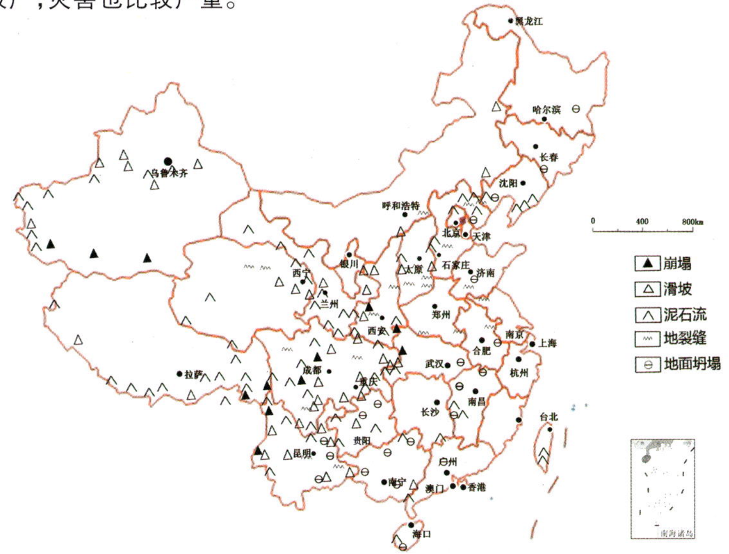

中国地质灾害分布示意图

统计资料表明，地质灾害（崩、滑、流）在我国高发县市有30个，主要集中分布在重庆、贵州、湖北、甘肃、四川和云南等省市；地质灾害较高发县市有107个，主要集中分布在湖南、江西、陕西、四川、贵州、湖北、云南和重庆等省市；地质灾害中等高发县市有90个，集中分布在河北、四川、浙江和福建等省；地质灾害低发县市有62个，集中分布在河北、广西、新疆和山西等省。

3　为什么我国是一个地质灾害多发的国家？

复杂多变的自然地理环境和不科学的人类活动共同决定了我国是一个地质灾害多发的国家。

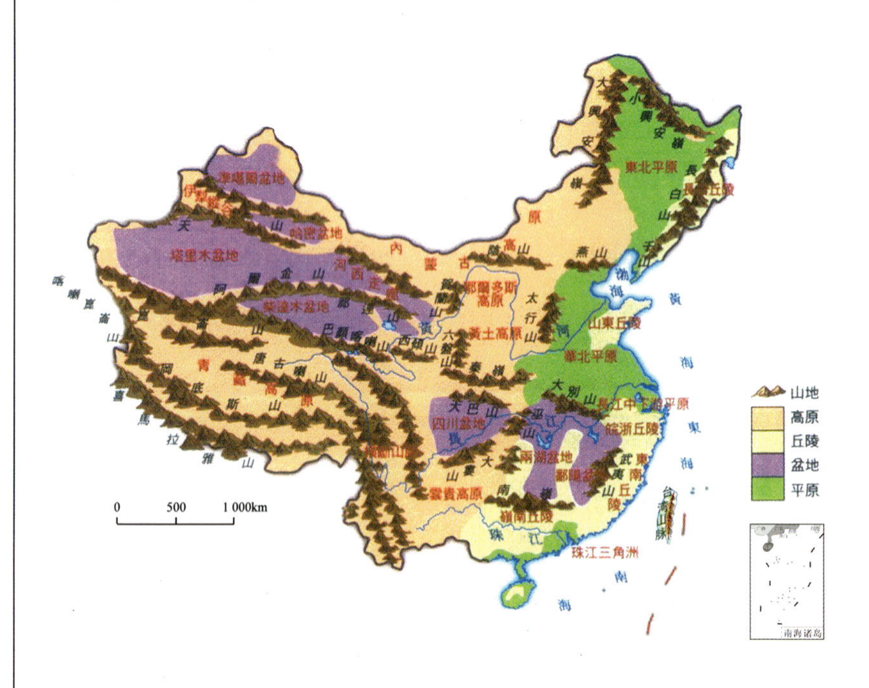

中国地形地貌分布示意图

（1）地理特征。从我国的地貌图上来看，我国是一个多山的国家，沟谷发育，地形起伏大，沟深坡陡，山地、丘陵和比较崎岖的高原占全国总面积的2/3，这为地质灾害的发生提供了地理（地形地貌）条件。

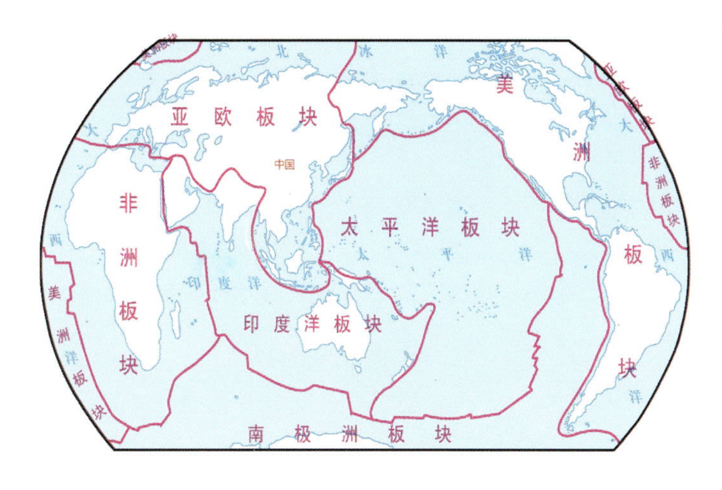

全球板块分布示意图

(2)物质条件。我国在亚欧板块、印度洋板块和太平洋板块的共同挤压作用下,地震活动多发,强烈的震动作用使得岩石和土体变得破碎、松散,这为地质灾害的发生提供了物质来源。

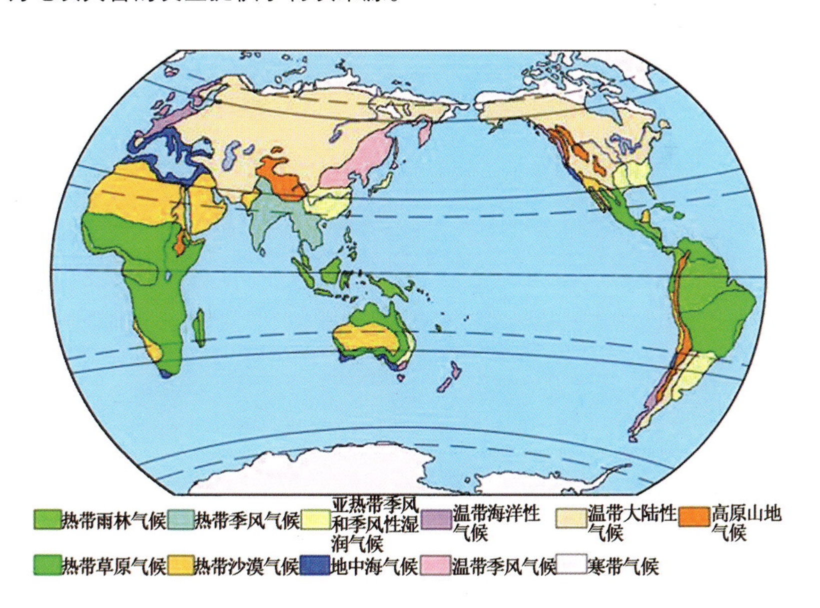

全球气候分布示意图

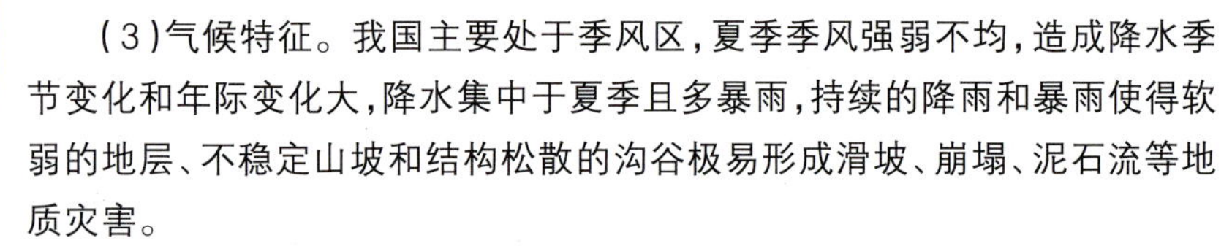

（3）气候特征。我国主要处于季风区，夏季季风强弱不均，造成降水季节变化和年际变化大，降水集中于夏季且多暴雨，持续的降雨和暴雨使得软弱的地层、不稳定山坡和结构松散的沟谷极易形成滑坡、崩塌、泥石流等地质灾害。

（4）人类活动。有关统计资料表明：人类活动引发的崩塌、滑坡、泥石流等地质灾害占全国灾害总数的一半以上，这说明人类在生产生活中对自然资源的掠夺性开发和不科学的工程活动（开矿、修路等）对自然环境的破坏也是导致地质灾害多发的重要原因。

知识小拓展

4　何为斜坡？

认识地质灾害（崩塌、滑坡和泥石流），我们不得不认识一种地质现象——斜坡。

斜坡是指地球表部一切具有侧向临空面的地质体，也就是俗称的“山坡”、“土坡”等。自然条件下形成的斜坡叫做天然斜坡；人类活动形成的或改造的斜坡叫做人工斜坡（通称“边坡”），如修路、露天采矿等形成的斜坡。

自然斜坡

临空面

天然斜坡

矿山开采形成的边坡

斜坡的基本组成要素有坡体、坡高、坡角、坡面、坡顶面、坡肩、坡脚和坡底面等。

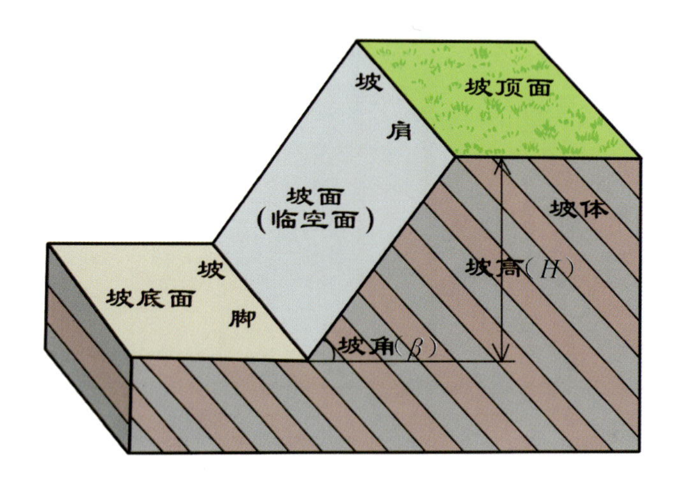

斜坡要素示意图

5 什么叫堰塞湖？

堰塞湖形成过程示意图

堰塞湖又称埝塞湖或壅水湖，是在一定的地质和地貌条件下，由于河谷岸坡在动力地质作用下迅速产生崩塌、滑坡、泥石流，以及冰川、融雪活动所产生的堆积物或火山喷发物等形成的自然堤坝横向阻塞山谷、河谷或河床，导致上游段壅水而形成的湖泊。堰塞湖还可以细分为熔岩堰塞湖、冰川堰塞湖和滑坡堰塞湖等，天然堤坝也常常根据堤坝的物质来源被称为火山熔

黑龙江省纳漠尔河一条小支流，因被火山熔岩流阻塞形成了堰塞湖，即著名的五大连池湖

岩坝和滑坡坝等。天然堤坝往往会导致堰塞湖水位不断上升，使堤坝上游地区被水淹没，下游地区面临因堤坝溃倒而带来的巨大洪水灾害。

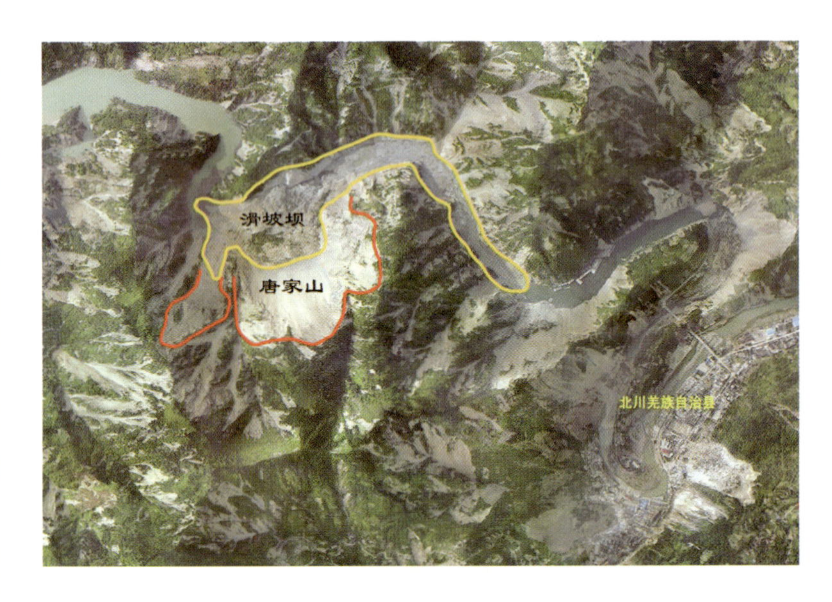

唐家山堰塞湖

2008年汶川地震引发了大量滑坡、崩塌，形成了许多堰塞湖，如唐家山堰塞湖，导致灾区大面积地区被堰塞湖淹没。

揭秘崩塌

新闻一

2008年11月23日上午11时37分，广西河池市凤山至巴马二级公路凤山县境内路段发生山体崩塌事件，塌方两万多立方米，凤巴公路中断。至24日晚11时40分，灾难共造成6死6伤。据称此次灾害事故共造成13间房间被掩埋，其中有4间仓库、3户9间民房，另外有一户3间民房被损坏。此外，还有2辆农用车，1辆小汽车，1辆摩托车被山石掩埋。

广西特大山体崩塌事件让我们感受到了崩塌对人身安全、交通及建筑物的危害之大。那么，什么是崩塌？常见的分类有哪些？为什么会发生崩塌？

6 什么是崩塌？

崩塌是指高陡的自然山坡或人工开挖而成的山坡上面的岩石、土块在重力作用下突然崩落，以滚动、跳动的运动方式坠落下来并堆积于坡脚的地质现象和过程。崩落的岩石或土体堆积在山坡脚下后称为崩积物。发生在土体中的崩塌称为土崩，发生在岩体中的崩塌叫做岩崩。大规模的岩崩，称为山崩。当崩塌发生在河流、湖泊或海岸上时，称为岸崩。

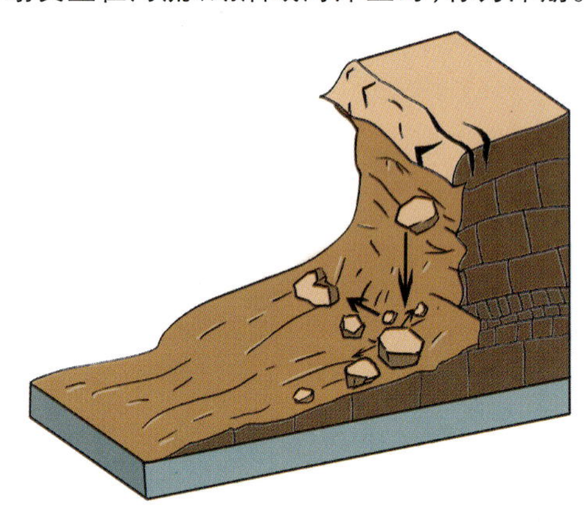

崩塌过程示意图

土崩——黄土崩塌

山崩——山体崩塌

7 崩塌有什么特征？

(1)崩塌具有突发性，发生时间极短，即崩塌体的运动速度很快，一般能达到5~200m/s。

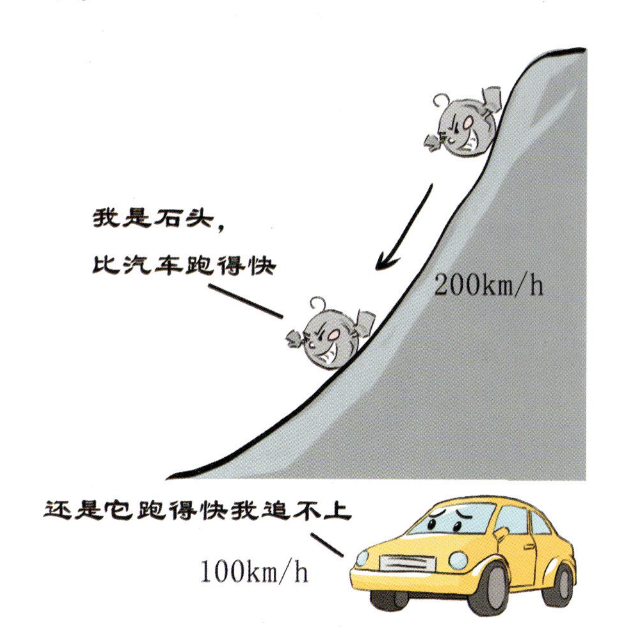

(2)崩塌发生的规模差异较大，小到数立方厘米(落石如拳头)，大到数亿立方米(山崩)。

(3)掉落下来的崩塌体有大有小，也存在一定的分布规律。一般情况下离山脚近的崩塌体较小，而离山脚远的较大。

崩塌特征

(4)崩塌体的垂直运动距离远大于其水平运动距离。

8 崩塌的分类有哪些？

(1)按照移动形式和方式分类：散落型崩塌、滑动型崩塌、流动型崩塌。

散落型崩塌： 在一些有着大量裂缝的山坡，或者较软的岩石和坚硬岩石相混合的山坡，或是由松散物质堆积而成的山坡，较容易形成此类崩塌。

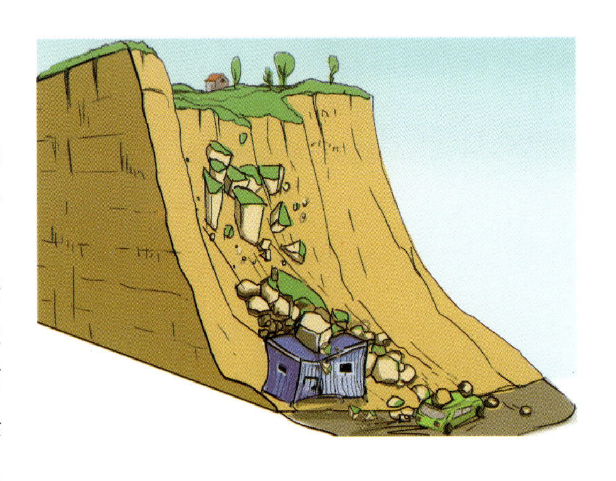

散落型崩塌

滑动型崩塌：沿着某一个面进行滑动，保持了整体形态，但是运动的垂直距离比水平距离大。

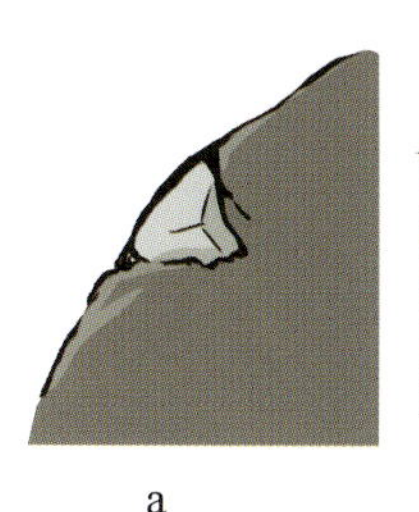
a

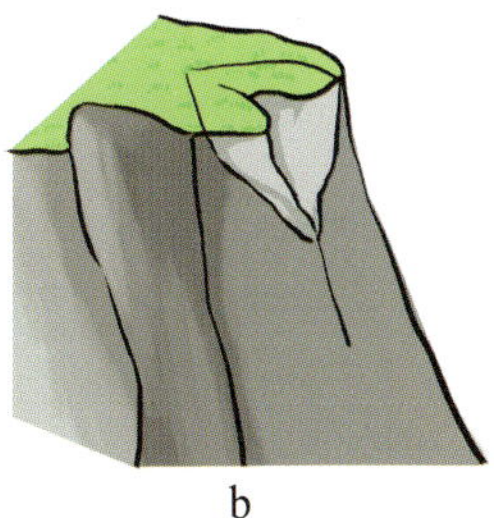
b

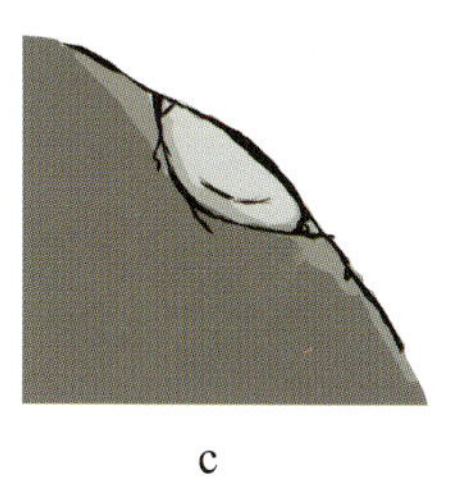
c

滑动型崩塌

流动型崩塌：这类崩塌与泥石流有相似之处，主要是由于松散沙石、泥土等遇水后发生流动，其运动的垂直距离比水平距离大。

（2）按照崩塌体的物质组成分类：岩石类崩塌、土体类崩塌、冰川类崩塌。

岩石类崩塌

土体类崩塌

冰川类崩塌

9 崩塌在发生时间上有什么规律?

(1)降雨过程之中或稍微滞后。这里说的降雨过程主要指特大暴雨、大暴雨、较长时间的连续降雨,这是出现崩塌最多的时间。

(2)强烈地震过程之中。主要指震级在6级以上的强震过程中,震中区(山区)通常有崩塌出现。

(3)开挖坡脚过程之中或滞后一段时间。因工程(或建筑场)施工开挖坡脚,破坏了上部岩(土)体的稳定性,常引发崩塌。崩塌的发生有的就在施工中,这以小型崩塌居多。较多的崩塌发生在施工之后一段时间里。

(4)水库蓄水初期及河流洪峰期。水库蓄水初期或库水位的第一个高峰期，库岸岩、土体首次浸没，上部岩土体容易失稳，尤其在退水后库岸产生崩塌的几率最大。

(5)强烈的机械震动及大爆破(人工爆破采矿、地下隧道的修建等)之后。

10 崩塌在我国的分布特征？

崩塌在我国的分布非常广泛，并存在很明显的区域性特点。

(1)西南地区(云南、四川、西藏、新疆四省区)为我国崩塌分布的主要地区。

(2)西北黄土高原地区为我国黄土类崩塌发生的主要地区。

(3)西藏、青海、黑龙江省(冻土地区)为与冻融有关的崩塌发生的主要地区。

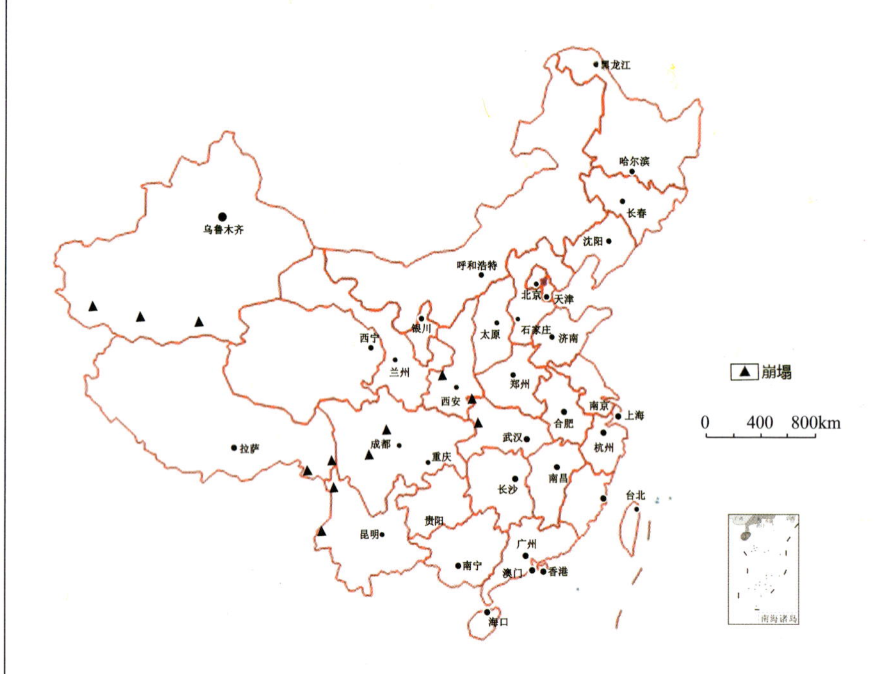

中国崩塌灾害分布示意图

崩塌发生时，岩块、土块脱离母体从山坡上滚落下来。从岩块、土块运动的轨迹来看，水平位移相比竖直位移小得多，可以忽略。因此，可以将崩塌的本质概括为自由落体运动或抛体运动。

伽利略的自由落体实验

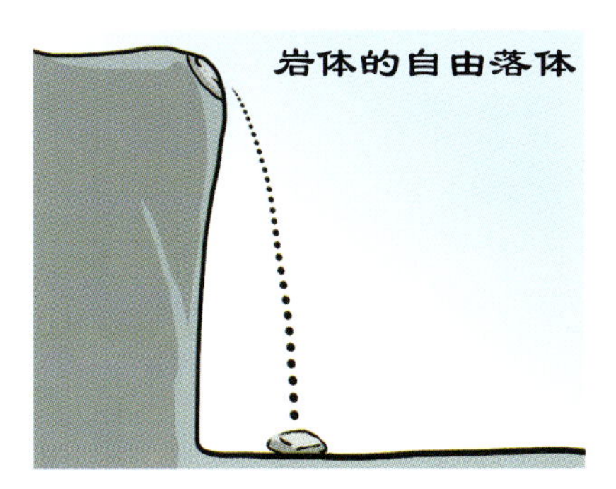

崩塌的危害与诱因

12　崩塌会造成什么样的危害？

(1)高速运动的岩土块体由于能量高，可能会对崩塌周围及下方的建筑物、人和动物的生命构成威胁。

左图为汶川地震发生时引发的崩塌砸坏过往车辆，右图为东兰县三石镇泗爷村眼内屯东面山峰半山腰的陡崖处发生岩体崩塌地质灾害，落石撞穿房屋

(2)大型崩塌会堵塞、掩埋沿线的公路、铁路，给交通运输带来困难。

崩塌堵塞并摧毁公路

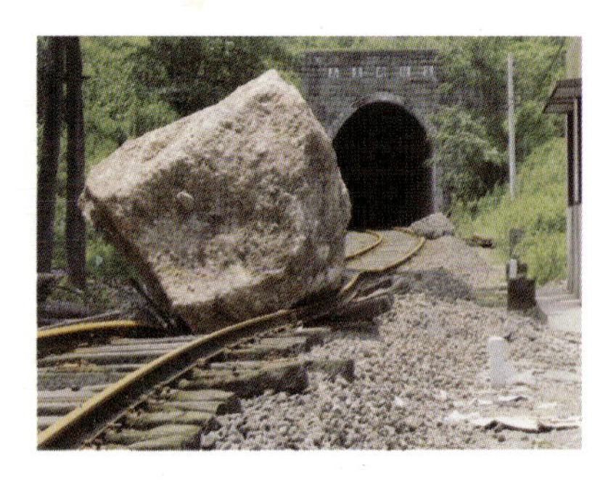

崩塌破坏铁路

（3）崩塌有时还会堵塞河流形成堰塞湖，对下游的生命财产造成巨大威胁。

崩塌引发的堰塞湖

13 形成崩塌的内在条件有哪些？

（1）岩土体类型。岩土体是产生崩塌的物质条件，不同类型所形成崩塌的规模大小不同。通常，岩性坚硬的岩石及结构密实的黄土形成规模较大的崩塌；互层岩石及松散土层等，往往以小型坠落和剥落为主。

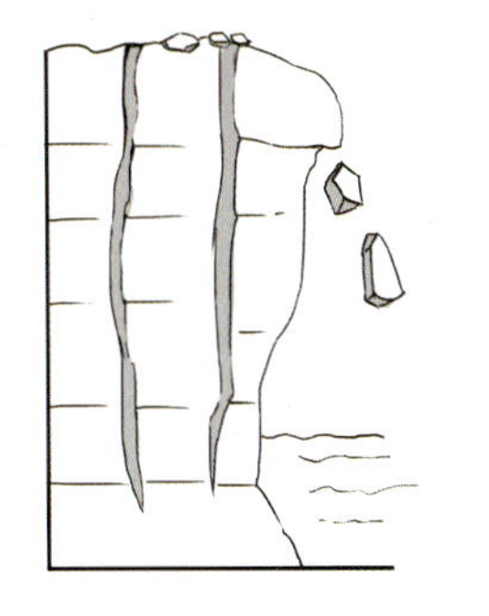

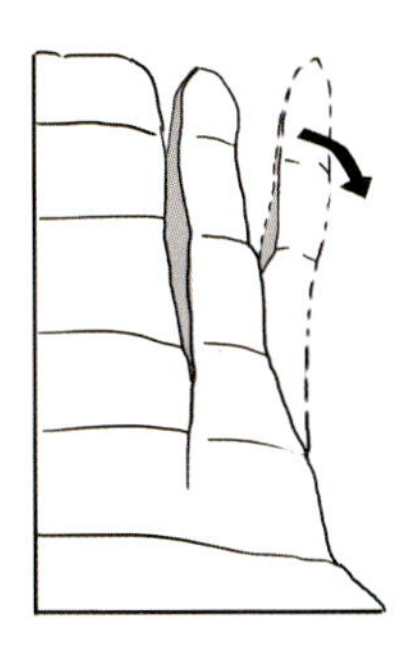

裂隙发育

（2）地质构造。坡体中的裂隙越发育，越易产生崩塌，与坡体延伸方向近乎平行的高陡裂隙面，最有利于崩塌的形成。

（3）地形地貌。江、河、湖（岸）、沟的岸坡，各种山坡、铁路、公路边坡，工程建筑物的边坡及各类人工边坡都是有利于崩塌产生的地貌部位。坡度大于45°的高陡斜坡、孤立山嘴或凹形陡坡均为崩塌形成的有利地形。

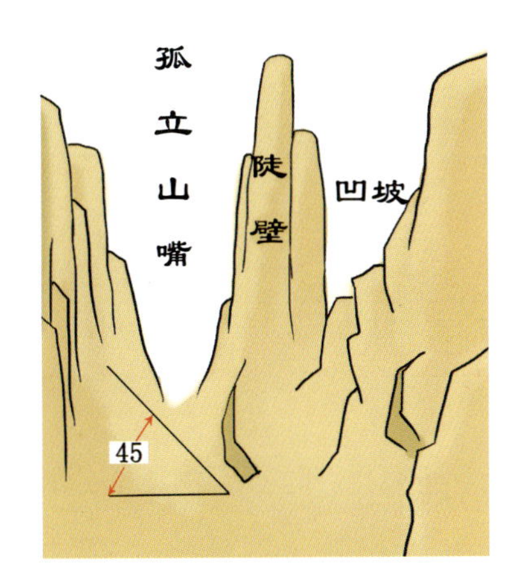

14 诱发崩塌的外界因素有哪些？

（1）溪流、河流等对山坡日积月累的侵蚀会造成山坡下部的掏空，使得上部的岩土处于不稳定状态。

（2）人为开发形成高陡的边坡，导致上部岩土不稳定，更容易掉落下来。

（3）地震或者其他地质原因产生的强烈震动，使得不稳定的岩土更易掉落。

（4）山体裂隙中水的作用会加速岩体的破坏。

（5）山体裂隙中生长的植物分泌的化学物质以及其生物性能也会破坏岩土体的完整性，诱发崩塌。

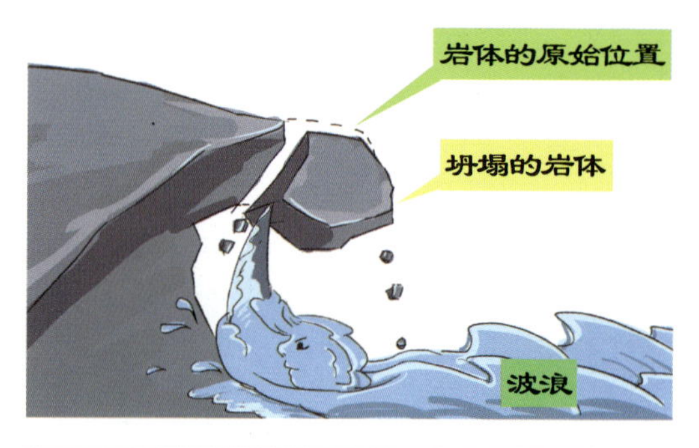

崩塌的诱发因素——开挖山脚

崩塌的诱发因素之一——地震

崩塌的识别与避让

15　崩塌发生前会有哪些预兆?

高陡山坡上面掉落一些小的岩土块,不断发生小崩塌;高陡山坡的下部出现破坏的裂痕;岩石断裂摩擦产生声音;出现可见的尘土;闻到一些异常的气味;出现地下水质、水量等异常;动物出现异常现象:如猪、狗、牛等家畜惊恐不宁、不入睡,老鼠乱窜不进洞等现象;植物变形:树木枯萎或歪斜等现象的出现,可能是滑坡、崩塌即将来临的征兆。

a.小崩小塌不断发生
b.山坡下出现裂痕
c.岩石断裂摩擦产生声音

16 居民房屋建筑选址如何避开崩塌区？

（1）请当地专业的机构进行房屋选址前的调查，用专业的知识避开崩塌区。

（2）山坡坡度大于50°的陡坡脚和陡崖边不适宜建房屋。

（3）尽量选择宽敞、平坦的地方建设房屋，将崩塌的威胁降到最低。

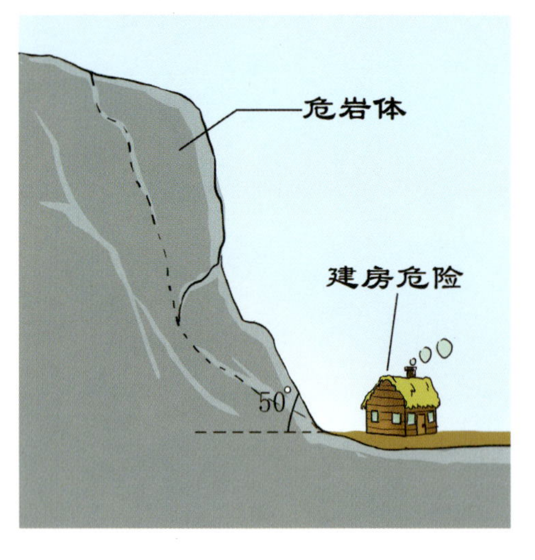

建筑选址避崩塌

17 行人避让崩塌的措施有哪些？

（1）大雨后、连续阴雨天不要在山谷停留。

（2）如遇到陡崖往下掉土块或石块时，或者看到大石块摇摇欲坠，千万不要从下边过。

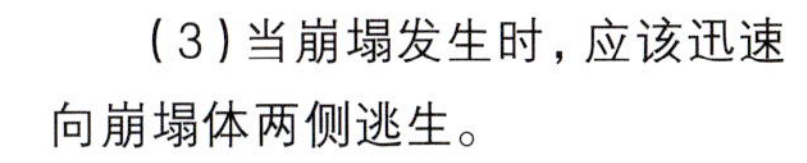

（3）当崩塌发生时，应该迅速向崩塌体两侧逃生。

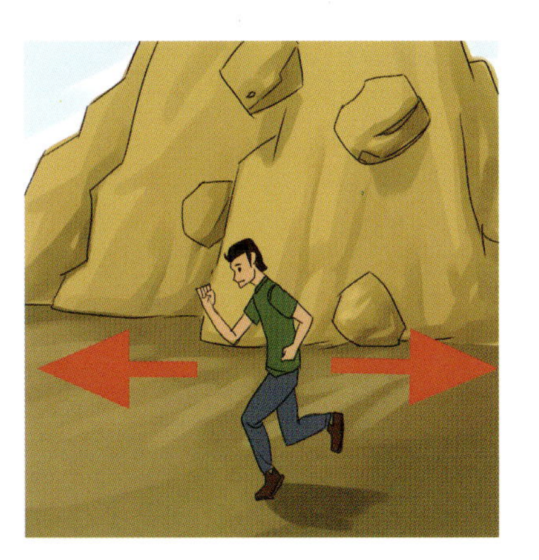

（4）不要攀登危岩。

18　山区行车途中如何应对崩塌？

（1）行车时如果遭遇崩塌，不要惊慌，应保持冷静，注意观察险情。

（2）如遇前方发生崩塌应停止前进，在安全地带等待；如果身处斜坡或陡崖等危险地带，应迅速离开。

（3）快速通过有崩塌警示标示的地带，千万不能多做停留。

（4）因崩塌造成交通堵塞时，应听从指挥，及时疏散。

崩塌的预防与防治

19 如何通过简易的办法监测崩塌？

（1）裂缝监测。对那些大而宽且严重影响山坡稳定性的裂缝进行监测，可以在裂缝的两侧设置标记物，定期测量，作好记录。

（2）降雨监测。测量并记录降雨量，寻找出降雨与裂缝变化的关系，预测变化趋势，为崩塌发生的预测提供依据。

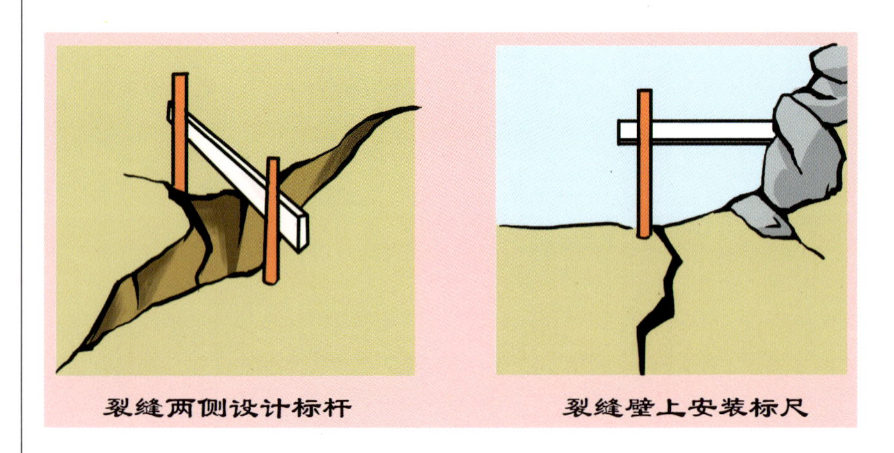

崩塌的简易监测措施

20 崩塌的预防与治理措施有哪些？

这里介绍的崩塌的防治措施主要是针对岩体崩塌而言的。岩体崩塌中的岩石块体从拳头大小的岩块到体积庞大的巨石。根据形状和尺寸的不同，崩落体在下落过程中，可以呈现滚动、跳跃和顺坡高速运动，最后停止、堆积在距离母岩体较远的地方。旅游、休闲区，如靠近悬崖的海滩、公园，山水景区和公路、铁路等地带常受到岩体崩塌的影响，而处在这些地点的人群、文物以及公共设施很可能受到崩塌体的威胁。有很多工程技术可以帮助人们减轻由于岩崩灾害造成的伤害和损失，下面对其中一部分予以介绍。在有些情况下，对付岩崩的最好工程措施往往不止一个，大多时候需要多种方法的组合。

钢筋防护网防治岩崩

(1)锚杆、钢筋防护网防治方法。这种防治方法常常用在公路、铁路两旁的高陡岩石斜坡体上，锚杆可以起到有效加固潜在崩落岩体的作用，而钢筋防护网则可以拦挡崩落的岩体，防止岩崩对过往的车辆、行人造成损害或伤害。

锚杆与钢筋防护网联合防治岩体崩塌

(2)拦挡方法。在山坡的脚下建设坚固的拦挡设施如挡墙、挡网等，能够有效阻挡从山坡上面崩落的岩石块体。

拦挡方法——挡墙、挡网防治崩塌体

（3）喷射混凝土方法。喷浆和压喷砂浆是使用高压将混凝土直接喷射到不稳定岩石的表面以进行加固。

喷射混凝土护坡

（4）排水。在山坡的坡顶设置截水沟，防止雨水流入或渗入坡体裂缝中，也可以起到防治崩塌的作用。这种方法适用于坡度比较缓的斜坡，如土坡。

（5）镶补沟缝。对于山坡中的裂缝，可用薄的石片、水泥进行填补以防止裂缝的进一步发展。

（6）移除危岩体。通过去除松石和整修边坡的方法，可以将对交通和行人产生危险的、松动的、不稳定的和（或）悬空的岩块移除掉。一般采用手持

移除危险山体

的探棒或轻量炸药去掉松动的岩块，借助钻孔和控制爆破去除较大面积范围的潜在危险岩块。这种方法比较费时费力，也比较昂贵，而且需要专业技术人员实施。

（7）生态工程防治方法。将工程治理措施（如锚杆框架加工）和生态防治措施（如植树、种草）结合在一起，形成生态工程防治方法不仅可以起到有效防治崩塌的作用，还可以美化、修复生态环境。

（8）避让方法。在山坡的坡脚修建明硐、棚硐等工程，对铁路、公路等进行遮挡保护，防止山坡上面崩塌体破坏交通设施或堵塞交通。

生态与工程治理措施（锚杆框架梁植草进行防护高边坡，资料引自建筑新闻网）

修建明硐躲避崩落石

21 崩塌的预警措施有哪些？

（1）在易发生崩塌的路段设置警示牌，提醒过往行人以及车辆不要在此停留，要迅速、安静地通过崩塌易发区。

（2）在崩塌易发区安装一些裂缝变形监测仪，监测裂缝的发展，在必要时发出警报。

警示牌预警

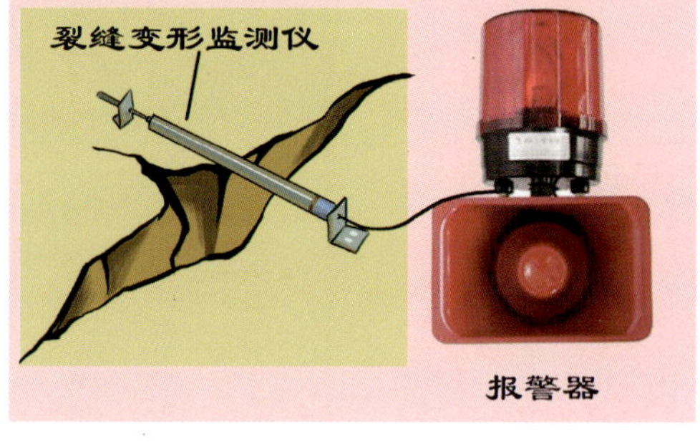

裂缝监测仪

崩塌防护网

（3）采取一些必要的防护措施，如移除潜在的崩塌岩石、设置防护网等（详见崩塌的治理措施）。

揭秘滑坡

新闻二

2013年1月11日，云南镇雄果珠乡高坡村赵家沟村民组发生一起山体滑坡灾害事故，总计约21万m^3的滑坡体从陡坡上倾泻而下，将赵家沟14户民房损毁掩埋，造成46人死亡（包括19名儿童和7名60岁以上的老人）、2人受伤。

被滑坡体覆盖的赵家沟村全貌

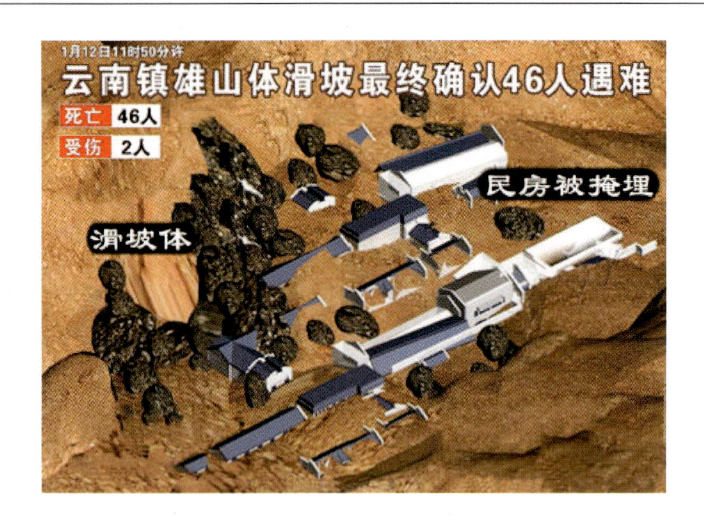

其实我们经常在新闻报道中看到或听到某地区发生山体滑坡，造成道路中断、甚至人员伤亡等。显然，滑坡是一种对人类有潜在威胁的灾害。那么究竟什么是滑坡呢？接下来，我们将带你去揭开滑坡的神秘面纱！

22　什么是滑坡？

滑坡是指山坡表面土层、岩石或者土石混合物受到河流冲刷、降雨、地震等自然因素，或者受修路、开矿、建房、水库蓄水等各类人为工程活动的影

降雨、修路和建房引发的滑坡

响，在重力作用下整体地或分散地沿山坡向下缓慢或者快速滑动的自然现象。

另外，滑坡还被山区人民通俗地称作“地滑”、“走山”、“垮山”和“山剥皮”。例如上面的照片，未发生滑坡的地方都有绿色的草木覆盖，而发生滑坡的地方则光秃秃的，真像是山的“皮”被剥了下来。

河流冲刷作用引起的山体滑坡（黄色部分为滑坡体，红色部分为滑坡周界）

23　滑坡的物理本质是什么？

从滑坡的定义和特征中，我们似乎觉得滑坡是一个非常复杂的自然现象。但是，如果我们站在物理学的角度去看滑坡，滑坡其实是物理学中我们十分熟悉的斜面运动问题。滑坡向下滑动的力主要是重力的分力，而阻碍它向下滑动的力除了摩擦力以外，还有一个和滑动体物质成分有关的内聚力（粘聚力）。物体的重力大小主要是由其质量所决定，其体积规模越大，密度越大，重力也就越大；而摩擦力、内聚力则主要受滑动体的物质成分、含水量等因数影响。

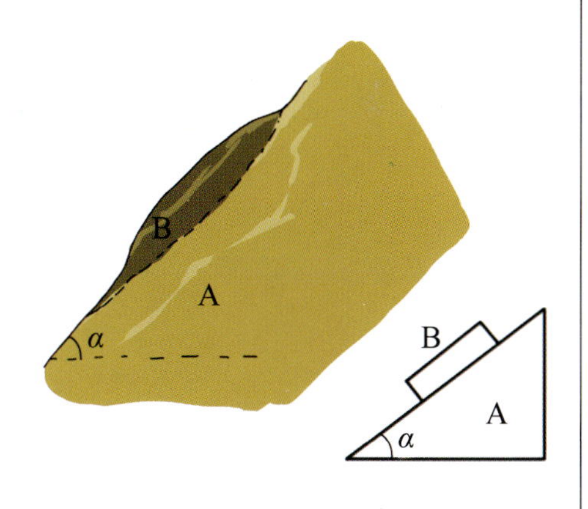

滑坡物理模型示意图

因而，影响滑坡重力、摩擦力和内聚力的因素（如降雨、建房、修路、地震等）都会成为诱发滑坡发生的原因。

24 滑坡活动的时间规律有哪些？

(1)同时性。有些滑坡受诱发因素的作用后，立即活动。强烈地震、暴雨、海啸、风暴潮等发生时和不合理的人类活动进行时，如开挖、爆破等，都会有大量的滑坡出现。

(2)滞后性。有些滑坡发生时间稍晚于诱发作用因素的时间，如降雨、融雪、海啸、风暴潮及人类活动之后。这种滞后性规律在降雨诱发型滑坡中表现最为明显，该类滑坡多发生在暴雨、大雨和长时间的连续降雨之后，滞后时间的长短与滑坡体的岩性、结构及降雨量的大小有关。一般讲，滑坡体越松散、裂隙越发育、降雨量越大，则滞后时间越短。此外，人工开挖坡脚之后，堆载及水库蓄、泄水之后发生的滑坡也属于这类。由人为活动因素诱发的滑坡，其滞后时间的长短与人类活动的强度大小及滑坡的原先稳定程度有关。人类活动强度越大、滑坡体的稳定程度越低，则滞后时间越短。

25 滑坡的空间分布规律有哪些？

(1)江、河、湖(水库)、海、沟的岸坡地带，地形高差大的峡谷地区，山区、铁路、公路、工程建筑物的边坡地段等。这些地带为滑坡形成提供了有利的地形地貌条件。

修路形成的边坡容易发生滑坡

铁路两侧的边坡也容易形成滑坡

河流两岸的岸坡容易形成滑坡

（2）地质构造带之中，如断裂带、地震带等。通常地震烈度大于7°的地区，坡度大于25°的坡体，在地震中极易发生滑坡；断裂带中的岩体破碎、裂隙发育，则非常有利于滑坡的形成。

汶川地震过程中引发的东河口滑坡

（3）易滑（坡）的岩、土分布区，为滑坡的形成提供了良好的物质基础。

（4）暴雨多发区或异常的强降雨地区。在这些地区，异常的降雨为滑坡发生提供了有利的诱发因素。

上述地带的叠加区域，就形成了滑坡的密集发育区。如中国从太行山

暴雨引发的山体滑坡（江西红星村滑坡）

到秦岭，经鄂西、四川、云南到藏东一带就是这种典型地区，滑坡发生密度极大，危害非常严重。

26　滑坡在我国分布的地理特点？

滑坡灾害在我国分布非常广泛。据国土部门统计，自1949年以来，我国东起辽宁、浙江、福建，西至西藏、新疆，北起内蒙古，南到广东、海南，至少有22个省、市、自治区不同程度地遭受过滑坡的侵扰和危害。我国地域辽阔，山地占国土总面积的65%以上，滑坡绝大部分集中在山地，大致呈现如下特征。

(1)西南地区，含云南、四川、西藏、贵州四省(区)，为我国滑坡分布的主要地区。

(2)西北黄土高原地区，面积达60余万km^2，连续覆盖5省(区)，黄土滑坡广泛分布。

(3)东南、中南等山地和丘陵地区，滑坡也较多，但规模较小。

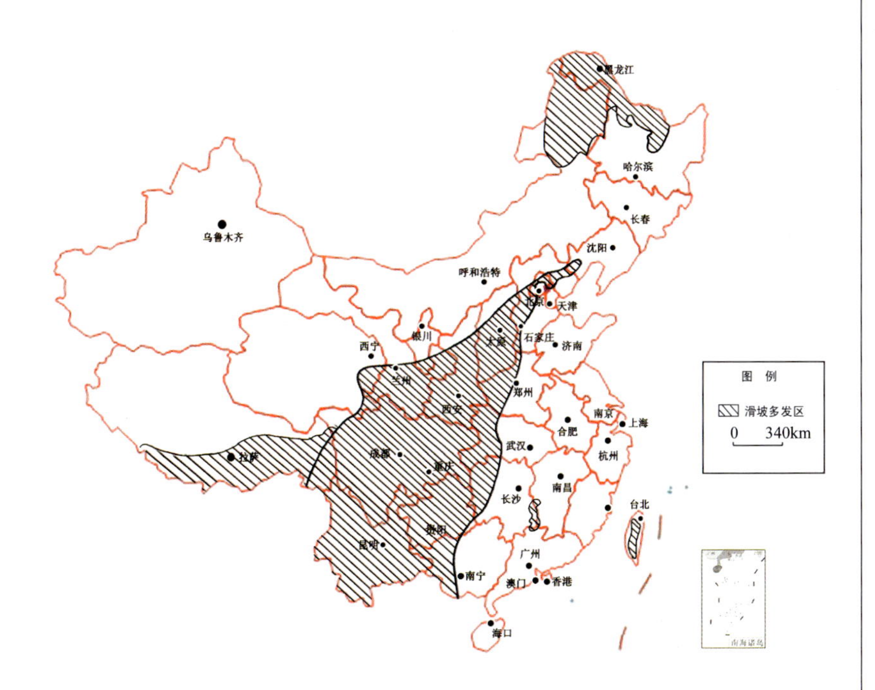

中国滑坡地质灾害分布示意图

（4）在西藏、青海、黑龙江省北部的冻土地区，滑坡分布与冻融有关，一般为规模较小的冻融堆积层滑坡。

（5）秦岭—大巴山地区也是我国主要滑坡分布地区之一，多为岩石顺层滑坡。

27 滑坡有哪些类型？

为了更好地认识和治理滑坡，需要对滑坡进行分类。根据滑坡的物质组成可分为土体滑坡和岩体滑坡；根据滑坡体的规模大小可分为小型滑坡、中型滑坡、大型滑坡和巨型滑坡；根据形成的年代可分为新滑坡、古滑坡、老滑坡和正在发展中滑坡；根据滑坡的滑动速度可分为蠕动型滑坡、慢速滑坡、中速滑坡和高速滑坡。

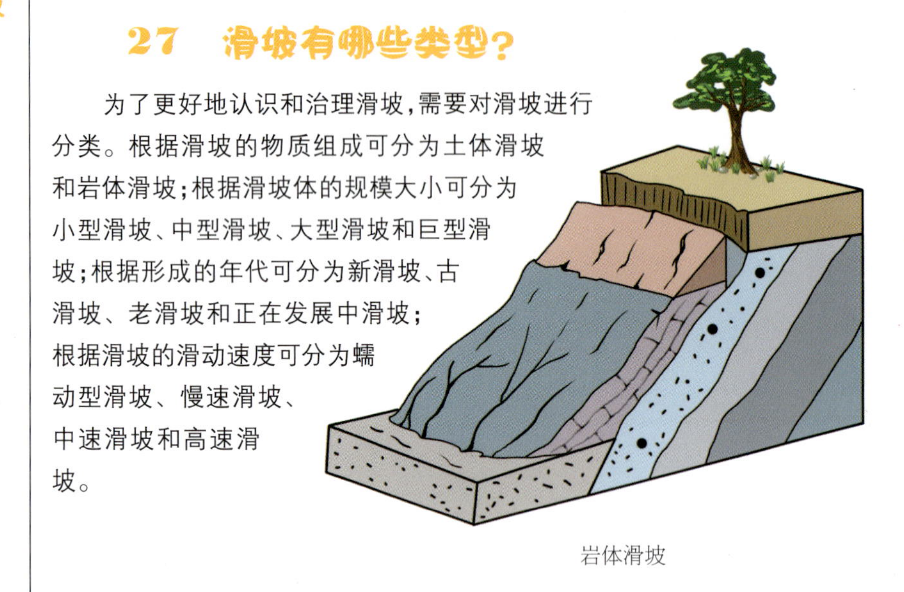

岩体滑坡

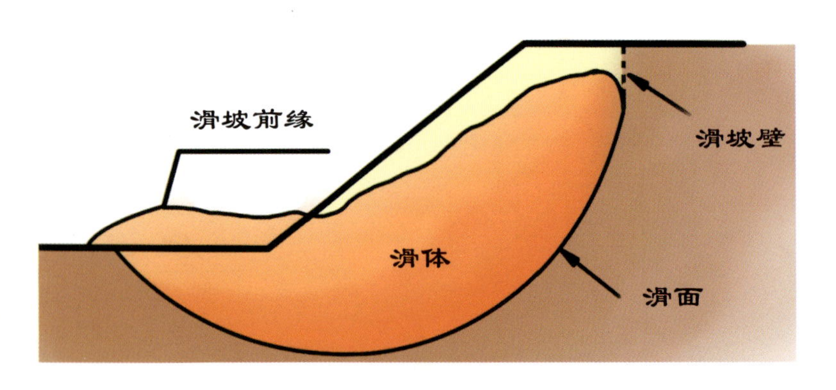

土体滑坡

28 什么是黄土滑坡？

黄土滑坡示意图

黄土滑坡是土体滑坡的一种，它是指黄土高陡斜坡地段的土体在重力作用下沿着裂隙面（软弱面）整体下滑的现象。滑坡边界多呈半圆形或弧形，破裂壁呈陡坎状，有较陡的滑动面。黄土滑坡常发生于40°~60°的黄土谷坡上部或谷坡最下部，多发生于地下水溢出处。

黄土滑坡形成于黄土和黄土状土中，主要分布于西北黄土高原地区。我

千沟万壑的黄土高坡

国黄土和黄土状土的分布面积约64万km^2，西起贺兰山，东到太行山，北起长城，南到秦岭，几乎全部被黄土覆盖，面积约为27万km^2。这里黄土发育最好，地层全、厚度大、分布连续，是我国黄土主要分布地区，也是黄土滑坡的高发区。

雨雪诱发的黄土滑坡

黄土滑坡多为中层或深层滑坡，滑动时变形急剧，速度快，与崩塌相似，动能量巨大，破坏力强，危害性大，且多成群分布。

黄土滑坡的诱发因素：沟壑的深切或河流的侵蚀作用；持续的降雨或暴雨；人类活动，如大面积灌溉；地震活动。

29 什么是会飞的滑坡？

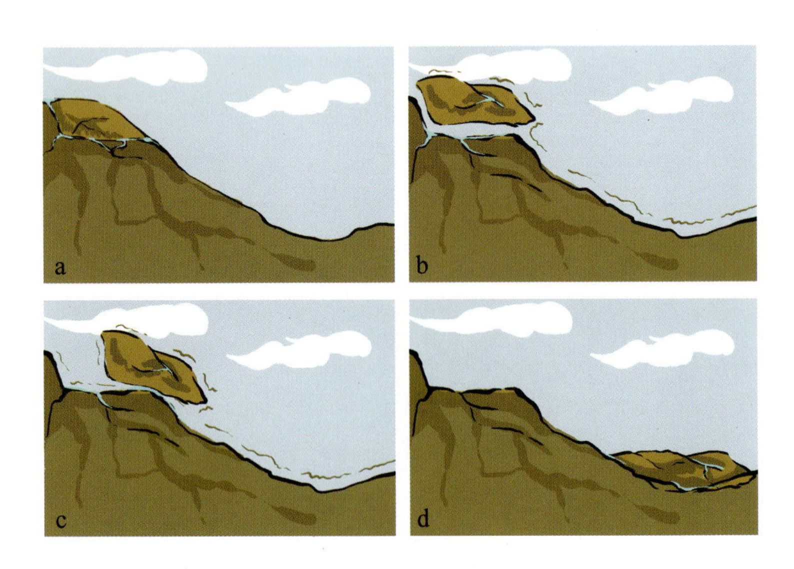

远程高速滑坡示意图

一般情况下，大多数滑坡的运动速度非常缓慢，但有些滑坡的运动速度很快，运动距离很长，这类滑坡就是高速远程滑坡。高速远程滑坡“不动则已，一动惊人”。它因水平运动距离大（一般大于1km），平均运动速度高（每秒钟可以运动几十千米）和运动时间极短（从滑动到停止大约几分钟）而被人们形象地称为“会飞的滑坡”。较大的地震往往能够引发远程高速滑坡，例如汶川地震就引发了一系列远程高速滑坡。

贵州关岭高速远程滑坡卫星图片（紫色区域滑坡运动路线，资料引自贵州省国土资源厅）

2010年6月28日14时发生在贵州省关岭县岗乌乡的滑坡，是一典型的高速远程滑坡。下滑山体前行约500m后，与大寨村永窝村民组的一个小山坡发生剧烈撞击，偏转90°后转化为高速流体（碎屑流）呈直角形高速下滑，滑动距离长达1.5km（图中紫色区域），造成了当地村民99人死亡。

30　什么是地震滑坡？

地震滑坡是指山坡表面岩体或土体在地震水平与垂直振动作用，自身重力共同作用下沿着岩体或土体中的软弱面或裂隙面发生快速滑动或者直接被抛出的自然现象。

滑动

抛落

地震滑坡往往沿着地震断裂带呈点状分布，具有滑坡速度快、时间短、滑动距离远和危害性大等特点。例如，我国1920年宁夏海原8.5级特大地震，诱发滑坡657 处，滑坡直接导致10 万人死伤。

在汶川地震中，东河口地震滑坡滑坡体体积为1 000万m^3，滑坡直接造成260人遇难。

31 什么是海底滑坡？

海底滑坡是指海底斜坡上松软沉积物或含有贯通裂隙的岩体，在重力作用下沿斜坡中的贯

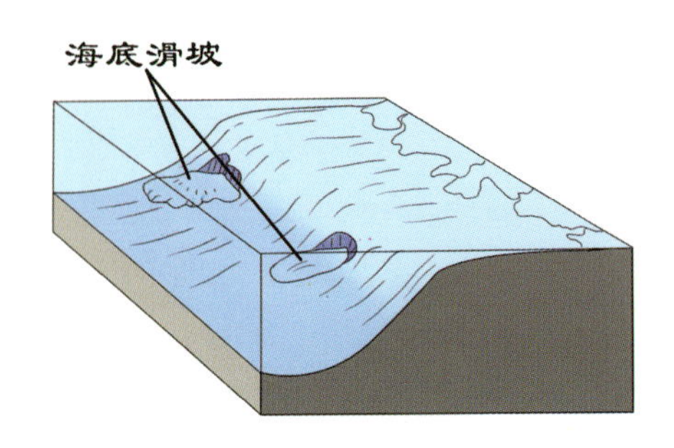

海底滑坡示意图

通裂隙面发生滑动的现象。

发生海底滑坡的原因：一方面是由于沉积物内部结构和动力条件的变化，如海底沉积物中黏土物质的含量较多、天然气产生的高压等；另一方面，是某些外部诱发条件，如地震、海浪等。

海底滑坡不仅直接危害着钻井平台、海底光缆、港口、码头等设施安全，大型海底滑坡有时还会引发巨浪甚至海啸，造成灾难性甚至毁灭性的后果。

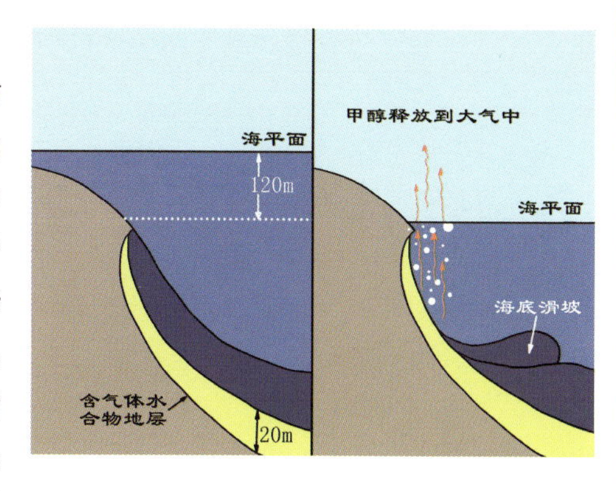

海底滑坡可能形成原因示意图

32 滑坡的形成过程是怎样的？

典型滑坡从开始形成到发生一般都会经历裂、蠕、滑和稳4个阶段。

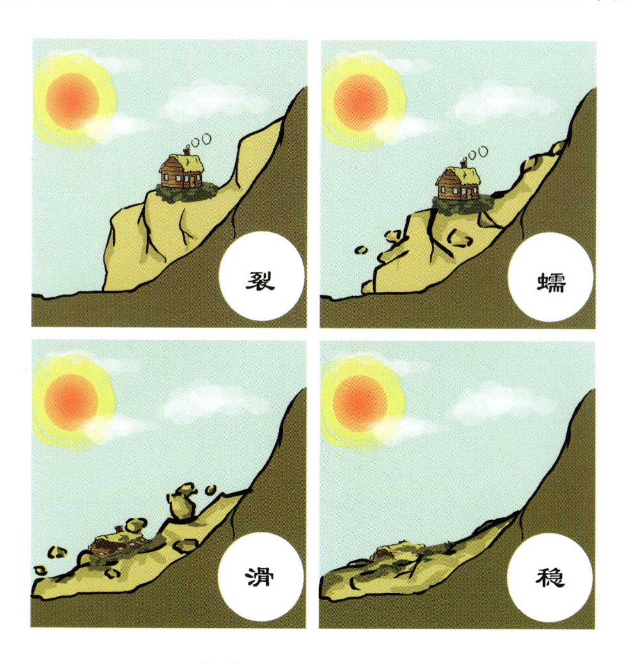

滑坡形成过程示意图

典型滑坡的形态结构

滑坡在孕育、发展、快速滑动和稳定过程中会呈现出各种各样的自然现象，这些自然现象构成了滑坡的基本要素。典型滑坡的基本要素和描述滑坡的基本术语也是认识滑坡的基础。滑坡的基本要素主要由滑坡床、滑坡体、滑动面(带)、滑坡周界、滑坡壁、滑坡舌、滑坡台阶和滑坡裂缝等组成。只有发育完全的新生滑坡才同时具备以上滑坡诸要素，并非所有滑坡都是如此。

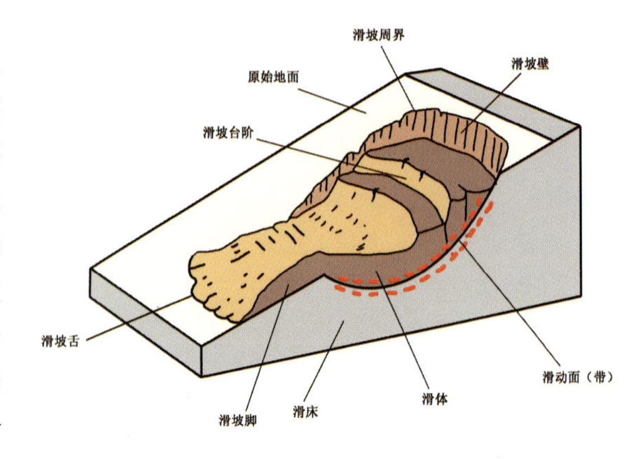

典型滑坡基本要素示意图

33 什么叫滑坡体？

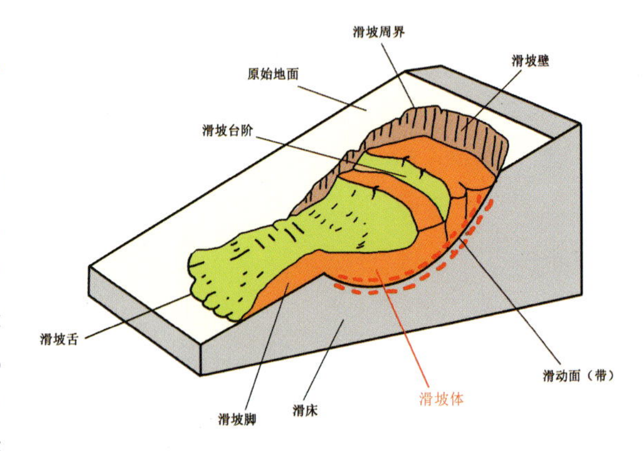

滑坡体又叫做滑体，是指脱离母体(未滑动区)发生水平运动的岩体或土体。由于是整体性滑动，岩土体内部相对位置基本不变，因而基本保持了原来的整体结构。但在滑动力作用下滑体表面会产生

“皱纹”和裂缝，与滑体外围的非动体相比较，滑体中的岩土体明显地松动或异常破碎。

土石混合滑坡体

黄土滑坡体

34　什么是滑坡床？

滑坡床又称为滑床，是指滑坡体之下未经滑动的岩土体。滑床基本未发生变形，完全保持了原有结构。只是其前缘部分因受滑体的挤压而产生一些裂缝（裂隙），在滑坡壁后缘部分出现弧形裂缝（裂隙），两侧也有裂隙发生。

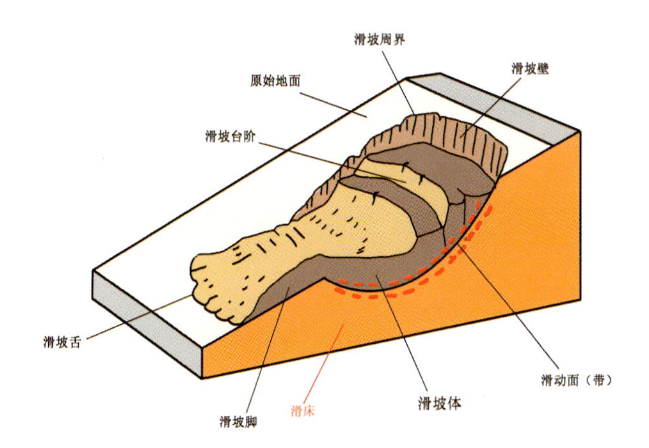

土体滑坡滑床

岩体滑坡滑床

35 什么是滑动面(带)?

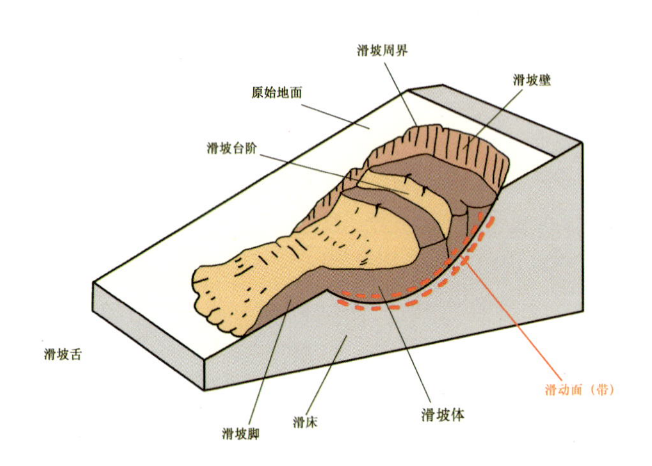

滑动面(带)示意图

它是指滑体与滑床之间的分界面，也就是滑体沿此滑动与滑床相接触的面。由于滑动过程中滑体与滑床之间的摩擦,滑动面附近的土石挤压、揉皱和研磨,滑动面一般是较光滑的,有时还可以看到擦痕。强烈的摩擦可以形成厚度在数十厘米至数米的破碎带,被称为滑动带。所以,准确的说滑动面(带)是有一定厚度的三维空间体。

36　什么是滑坡周界？

滑坡体与其周围的不动体在平面上的分界线称为滑坡周界。滑坡周界圈定了滑坡的范围。

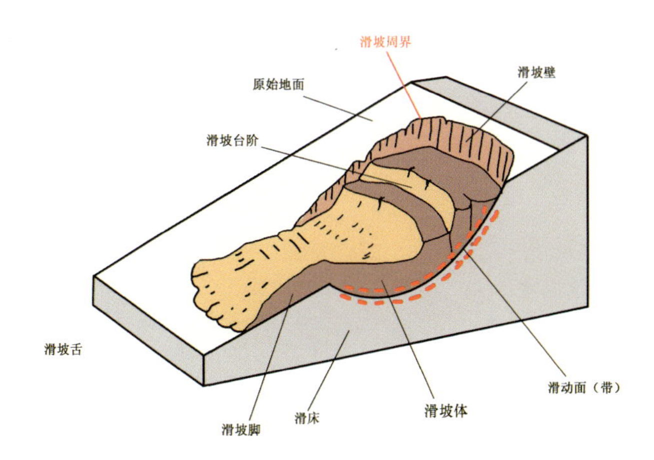

滑坡周界

37 什么是滑坡壁？

滑坡壁是指滑体后部滑下后形成的母岩陡壁，平面上常常呈现圈椅的形状。滑坡壁的高度一般数米至数十米，甚至有的可以达200多米，其坡度多为35°~80°，形成陡峭的壁。

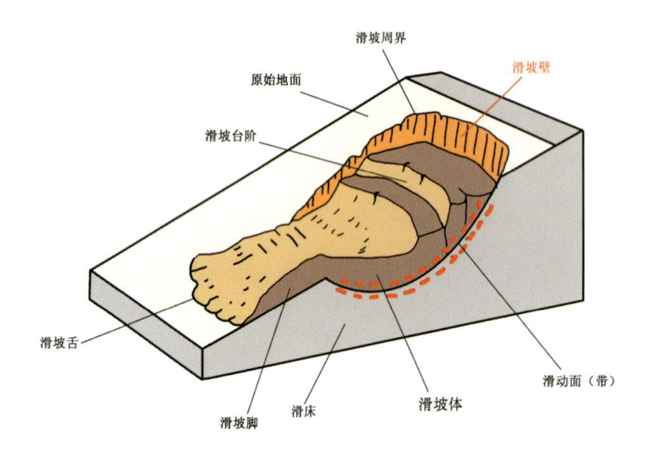

滑坡壁

38 什么是滑坡舌？

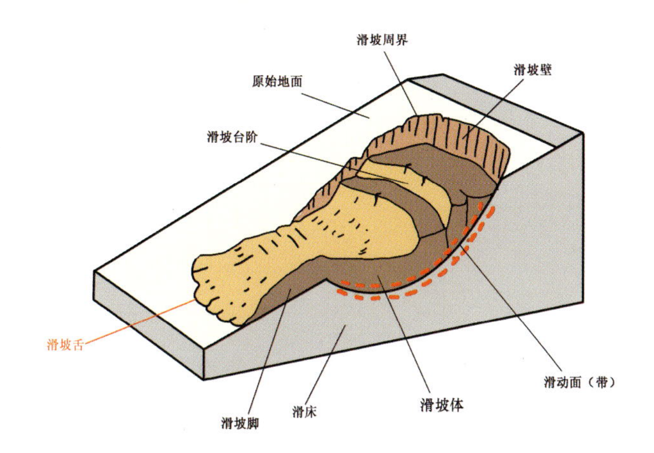

滑坡舌

滑坡舌是滑坡地表形态(地貌)的重要组成部分之一。它是指滑坡体前面延伸至沟堑或河谷中的那部分舌状滑体，也叫做滑坡前缘、滑坡头部。在河谷中的滑坡舌，往往被河水冲刷而仅仅残留下一些孤石，而滑坡鼓丘则是由于滑坡体向前滑动过程中受到阻碍而形成的隆起小丘。

39 什么是滑坡台阶？

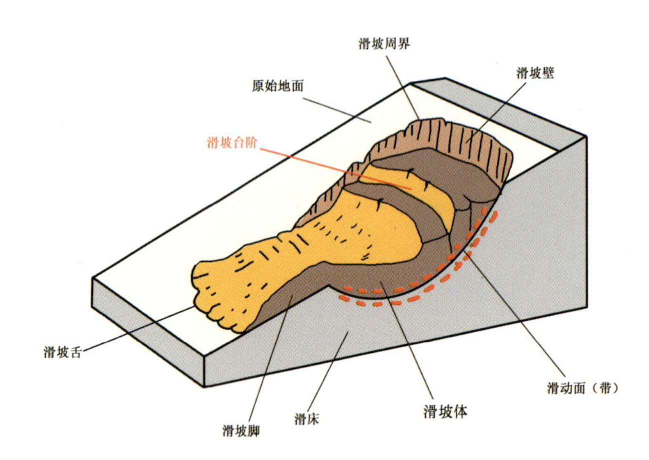

滑体因各段下滑的速度和幅度不同而形成的一些错台，常出现数个陡坎和高度不同的平滑台面，被称为滑坡台阶，或滑坡台地、滑坡台坎。在实践当中，我们可以通过滑坡台阶来辨别滑坡。

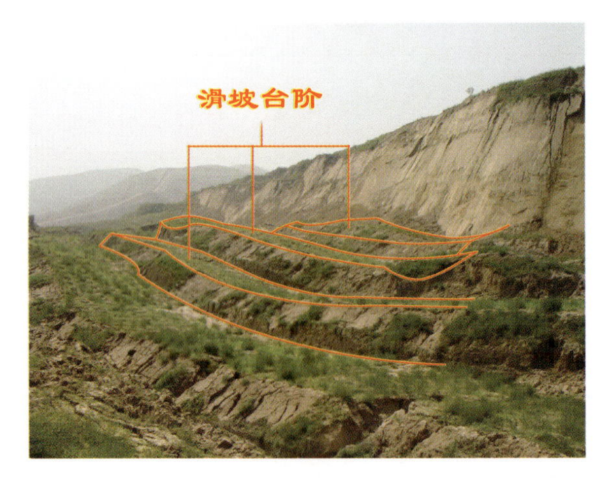

黄土滑坡台阶

除了上述要素，滑坡发生后也会出现一些有趣的形态，来帮助我们去识别滑坡，下面我们来认识一下醉汉林和马刀树。

40　什么是醉汉林和马刀树？

相传，在很久很久以前，“八仙”中的铁拐李，在一次八仙聚会中，喝得酩酊大醉，散席后独自走到一个山坡上，他实在支持不住了，卧倒在地，酣然大睡。他背着的一个酒葫芦也倾倒了，葫芦虽小，仙酒却装了不少。仙酒不断地流了出来，渗入地下，使山坡上的树木都喝足了酒，于是它们也醉得东倒西歪了，形成了醉汉林。

滑坡形成的醉汉林

当然，醉汉林的真正成因并非如此，但游人却宁可信其为真。看到这些“醉酒”的树木，人们会自然联想起现实生活中那些醉态可笑的醉汉，这也给了游客们一种欢快的感受。其实，醉汉林的真正成因是由于山体滑坡造成的。

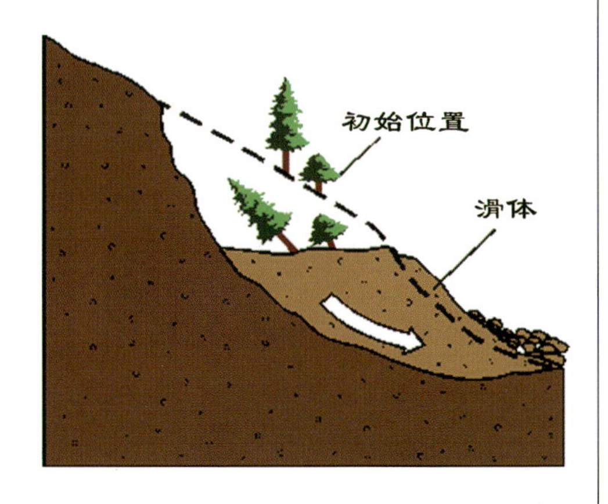

醉汉林示意图

山体滑坡会使地表土层下陷，土层表面生长的树木就会随着土层的移动而移动。而当山体滑坡停止后，树木不能恢复原状，于是就形成了东倒西歪的样子，形成醉汉林。此后滑坡非常缓慢，甚至数年，数十年停止滑动，倾斜树木上部向上直长，形成下部弯、上部直的树干，这种形态的树称为马刀树。

滑坡上的倾斜树木经历数年后形成的马刀树

醉汉林是新滑坡整体、慢速滑动的标志，如果滑坡滑速快了，滑体碎裂，滑体上的树林会东倒西歪，乱七八糟地倒在一起，形成不了醉汉林。

马刀树是老滑坡的识别标志，“马刀树”林所在的斜坡，说明此斜坡数年、数十年以前发生过滑动，滑动速度比较慢。

滑坡的危害

41 什么叫滑坡涌浪？

滑坡涌浪是指因河流、水库两岸突然发生滑坡，快速下滑的滑坡体冲入水中，激起的波浪（常常称为涌浪）。涌浪以滑坡体入水处为源点，向上、下游推进，在推进中不断变形，引起水体水面迅速变化。如果滑坡体的体积较大、下滑速度较高，就很可能在河流或水库中掀起巨大的涌浪，产生灾难性的后果。

发生前

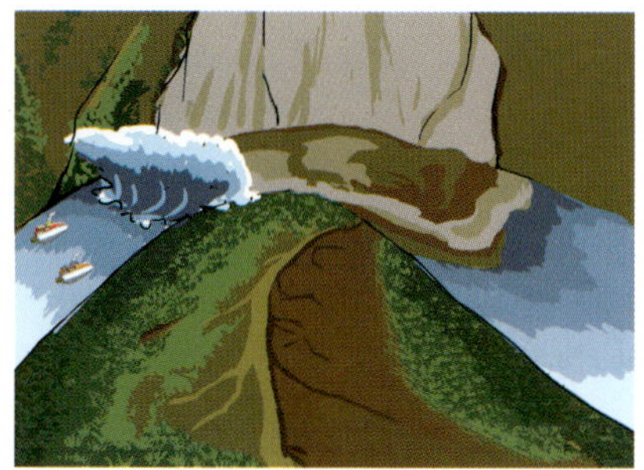

发生后

意大利瓦伊昂滑坡

意大利瓦伊昂滑坡发生前后对比

1963年10月9日，意大利瓦伊昂水库左岸约2.4亿m^3的山体以最大30m/s的速度整体下滑，激起100m高的涌浪，涌浪翻越瓦伊昂坝顶，约 300万m^3水注入深 200余米的下游河谷，冲毁兰加隆镇和附近5个村庄，造成2 000人死亡。

42 滑坡对建筑物的危害有哪些？

位于滑坡体上或者在滑坡附近的建筑物，滑坡都会对其产生影响。在不稳定边坡上修建的居民住房可能会遭受局部或完全破坏，因为滑坡会使房屋的地基、墙壁、周围设施、地上和地下设施等失稳或遭到破坏。

在滑坡运动变形初期，滑坡上的房屋墙体会出现开裂，这也是识别斜坡体是否为滑坡的一个重要特征；当滑坡进入快速运动时期，滑坡上的房屋很可能整体倾倒、倒塌，而处于滑坡下方的房屋则很可能被整体摧毁、掩埋。

43　滑坡对交通设施有何危害？

山体滑坡不仅造成一定范围内的人员伤亡、财产损失，还会对附近道路交通造成严重威胁。它会掩埋甚至摧毁公路、铁路，造成短期或长期的道路堵塞而给商业交通、旅游交通甚至紧急交通带来不便，困扰人们的生活。

诱发滑坡的因素

当山坡具备了滑坡发生的基本条件时，降雨、地震、火山、海啸、冻融、河流冲刷与侵蚀及地下水的变化等任何一项因素都可能诱发滑坡的发生。

44　为什么降雨会诱发滑坡？

降雨会诱发滑坡的主要原因：大量的雨水会渗入到山坡的土石层中，进入到裂缝、裂隙中甚至将其填满，使裂缝、裂隙加大、伸长，入渗的雨水还会使潜在滑体的重量增大；此外，雨水还会对岩土体产生软化作用，使其抵抗破坏的能力降低；最后，滑坡床与滑坡体后缘逐渐出现大的裂缝、裂隙，预示着降雨型滑坡形成。不少滑坡具有"大雨大滑、小雨小滑、无雨不滑"的特点。

45　地震是如何诱发滑坡的？

首先，地震的强烈振动作用使山坡内部结构发生破坏和变化，原有的裂缝、裂隙进一步扩张且连续，并伴随着地下水的较大变化，此时地下水位的突然升高或降低对山坡稳定是很不利的。其次，一次强烈地震的发生往往伴随着许多余震，在地震力的反复振动冲击下，其中的土石体就更容易发生结构形状的改变，最后发展成滑坡。

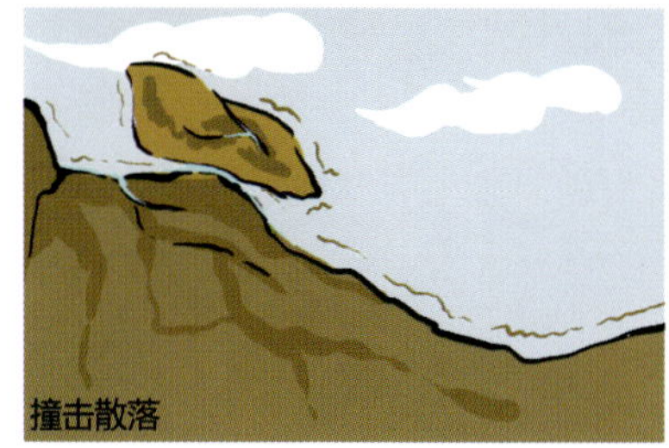

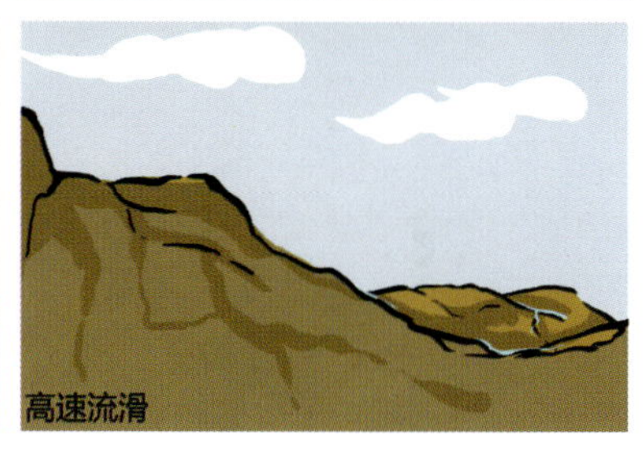

地震滑坡触发的4个阶段描述为：初始斜坡上部坡度较大，山体结构破碎，裂隙非常发育，在水平和竖向地震力的作用下上部山体被抛掷后，迅速下坠，并撞击下部基岩，崩解粉碎，形成高速滑流。

"5·12"地震前、后的东河口小学

除了以上介绍的自然诱发滑坡因素，凡是违反自然规律、破坏山坡稳定条件的人类活动也会诱发滑坡，如挖坡修路、坡体上部堆载、爆破、水库蓄（泄）水、矿山开采等。

46 为什么修建工程会引发滑坡？

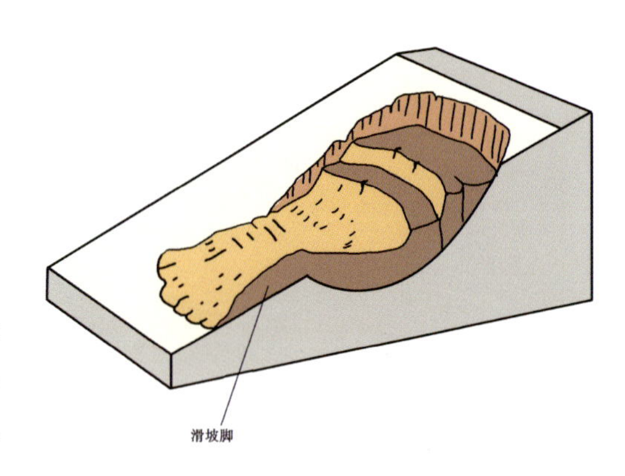

修建铁路、公路、依山建房、建厂等工程常常因不科学的开挖坡脚，引起了滑坡。坡脚指山坡与地面交接处的部分，即山坡的底部，如图所示。开挖坡脚会削弱滑坡体前部的抗滑支撑作用，使坡体下部失去支撑而发生下滑。例如我国西南、西北的一些铁路、公路、因修建时大力爆破、强行开挖，事后陆陆续续地在边坡上发生了滑坡，给道路施工、运营带来危害。

47 蓄水、排水是如何影响滑坡发生的？

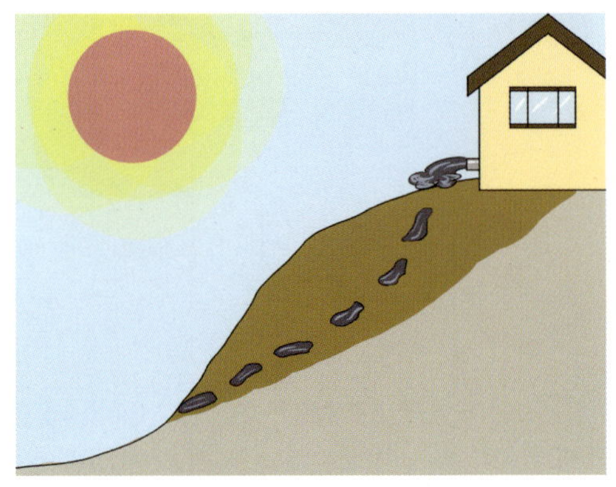

蓄水、排水会使坡体支撑不了过大的重量，失去平衡而沿软弱面下滑。其中水渠和水池的漫溢和渗漏、工业生产用水和废水的排放、农业灌溉等，均易使水流渗入坡体中，软化岩、土体，增大坡体重量；另外水库的水

位上下急剧变动，增加了坡体的渗透力，也可使边坡和岸坡诱发滑坡发生；尤其是厂矿废渣的不合理堆弃，常常触发滑坡的发生。

48 其他人类活动对滑坡产生的影响？

劈山开矿的爆破作用，会对地表产生振动作用，使山坡的土体受振动而破碎产生滑坡，同时，由于其掏空作用，使坡体下部失去支撑也会产生滑坡，在山坡上乱砍滥伐，使坡体失去保护，便有利于雨水等水体入渗从而诱发滑坡，等等。如果上述的人类作用与不利的自然作用互相结合，则更容易促进滑坡的发生。

49 影响滑坡活动强度的因素有哪些？

（1）地形地貌。坡度、高差越大，滑坡势能越大，所形成滑坡的滑速越高；斜坡前方地形越开阔，则滑移距离一般也越大。2010年6月28日14时发生在贵州省关岭县岗乌乡的高速远程滑坡，滑动距离长达1.5km。

贵州关岭高速远程滑坡

（2）岩土体的类型。组成滑坡体的岩（土）越坚硬、越完整，则滑坡形成的可能性往往就越小，即便形成滑坡，其滑坡规模也较小；反之，则形成滑坡的可能性就越大。

（3）地质构造。切割、分离坡体的地质构造（裂隙）越发育，形成滑坡的规模往往也就越大。

（4）诱发因素。诱发滑坡活动的外界因素越强，滑坡的活动强度则越大。如强烈地震、特大暴雨所诱发的滑坡多为大的高速滑坡。

高陡、坚硬岩体一般不会发生滑坡

滑坡识别与避让

50 滑坡发生前会出现哪些异常现象——滑坡前兆？

滑坡在滑动之前，一般都会表现出各种不同的异常现象，显示出滑动的前兆。

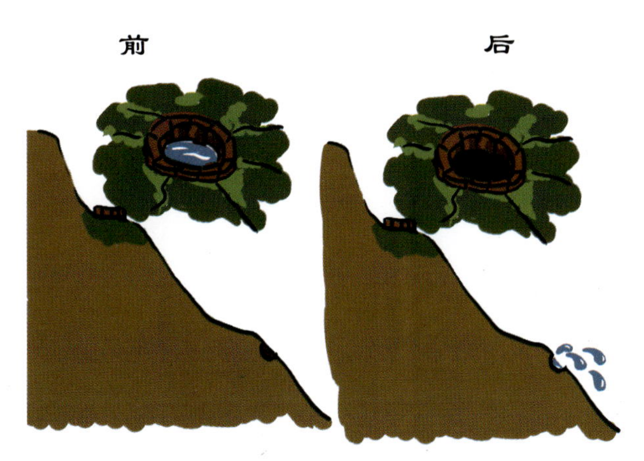

（1）在山坡前缘坡脚处，有堵塞多年的泉水复活现象，或者出现泉水（水井）突然干枯。

（2）在山坡前缘坡脚处，土体出现上隆（凸起）现象。

(3)山坡表面出现横向及纵向放射状裂缝，裂缝中有水。

(4)山坡上的房子墙体开裂。

(5)山坡坡顶后方出现裂缝，裂缝急剧扩展。

(6)山坡上的池塘突然干涸，田地开裂、下降。

(7)山坡体上的电线杆、烟囱、树木、高塔出现歪斜。

51 滑坡前兆出现后应当怎么做？

滑坡前兆的出现，并不意味着必然发生滑坡。当发现滑坡前兆后，首先应该及时向政府有关部门或地质灾害防治负责人报告。然后，主动采取一些简易的监测措施监视滑坡的动向。

（1）一般情况下，应把变形显著的地面裂缝、墙体裂缝作为主要监测对象。通过在地面裂缝两侧设置固定标桩，在墙壁裂缝上贴水泥砂浆片、纸片等方法，定期观测、记录裂缝拉开宽度；组建监测预警巡逻队，定期对滑坡体上的裂缝进行观测、记录，当发现裂缝变化较快时，要通知周围群众及时撤离。

（2）预先选定临时避灾场地。在危险区之外选择一处或几处安全场地，作为避灾的临时用地。

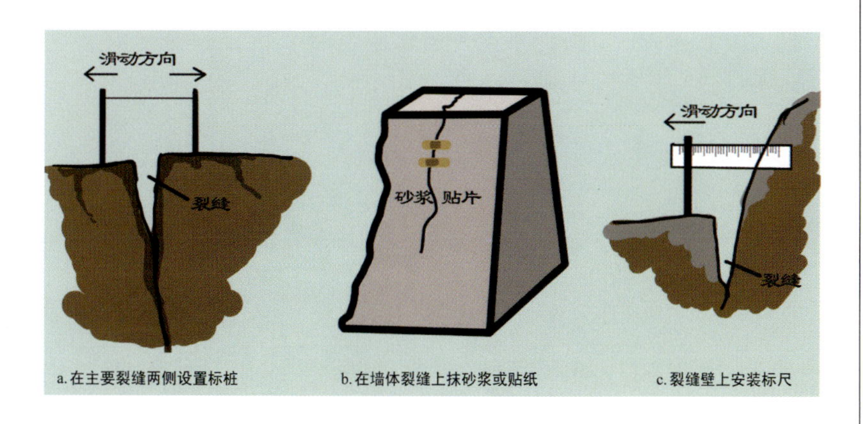

滑坡简易监测示意图

(3)预先选定撤离路线，规定预警信号。选择好转移路线，转移路线要尽量少穿越危险区，沿山脊展布的道路比沿山谷展布的道路更安全。事先约定好撤离信号(如广播、敲锣、击鼓、吹号等)，同时还要规定信号管制办法，以免误发信号造成混乱。

52 外出旅游如何防范滑坡？

(1)在计划出行旅游路线时，有意识地避开滑坡易发、高发区。如在夏季外出旅游时，尽量避开西南地区，如四川、贵州等地。

(2)旅游途中，要关注天气变化和国土资源部发布的滑坡地质灾害预警信息，避免进入滑坡危险区域。

(3)旅游行车过程中，如果发现“滑坡灾害危险区”的警示标志，一定要提醒司机师傅绕道行驶或者取消旅游计划，切不可盲目通行。

(4)如果旅游过程中恰巧碰到滑坡，要向与滑坡运动相垂直的方向逃离。

53 山区野外露营时如何躲避滑坡？

（1）野外露营时，要选择平整的高地作为营地。

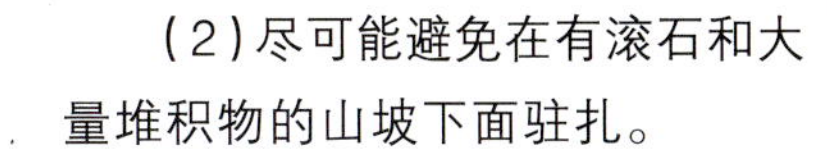

（2）尽可能避免在有滚石和大量堆积物的山坡下面驻扎。

（3）不要在山谷和河沟底部扎营，应避开沟壑和陡峭的悬崖。

（4）避开植被稀少的山坡以及过于潮湿的山坡。

（5）不要在已出现裂缝的山坡露营，最好不要在余震多发时期进入滑坡多发区。

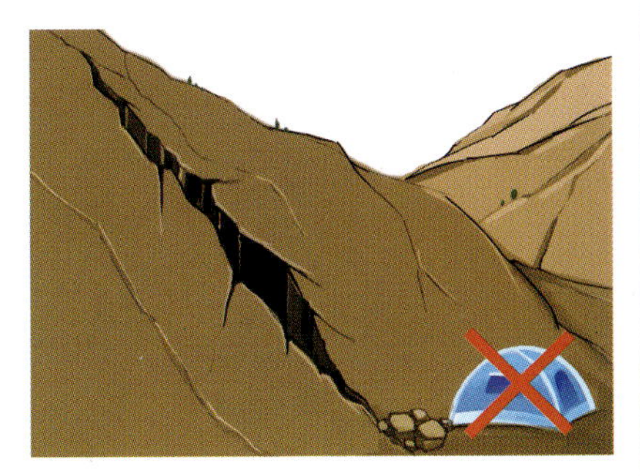

54 居民建房选址如何避开滑坡?

(1)尽量选择山坡坡度小于25°的坡脚处建房,即建在尽量平缓的山坡上,并且建房的过程中尽量减少对坡脚的过度开挖。因为在建房的过程中如果大面积开挖坡脚会降低山坡的稳定性,如遇暴雨很易引发滑坡,导致房倒人伤。

陡坡坡脚处建房,坡脚挖平再建房

缓坡坡脚处建房

(2)尽量选择山坡表层土体厚度小于1m的坡脚处建房,并避免乱填乱挖。

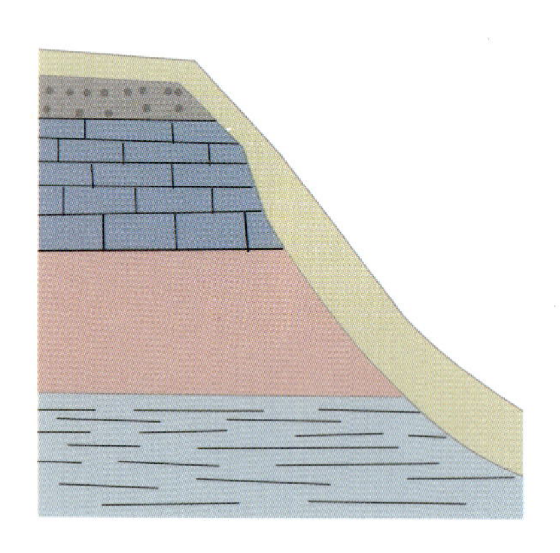

原状山坡

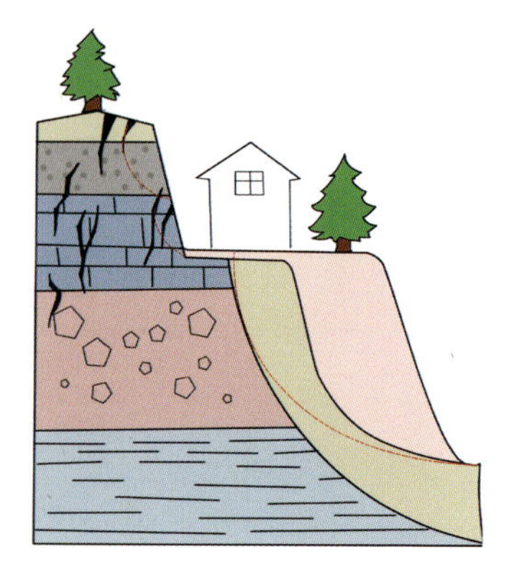

山坡开挖、填埋后,建房十分危险

（3）房屋建筑尽量远离河流岸边。因为河流水位的涨、落和流动会冲刷两岸的山坡，这种冲刷作用会破坏山坡的坡脚，使得山坡的稳定性降低。而降雨会加重山坡的重量，软化山坡的岩土体，进而导致山坡失去稳定性形成滑坡，造成房屋倒塌甚至人员伤亡。

河流岸边的房屋建筑发生破坏

（4）将房屋尽量建在反向坡的坡下。反向坡即岩土体的产状与坡体的坡向相反的斜坡，这类斜坡自身稳定性很好，不易发生滑动，是建房选址的良好选择。

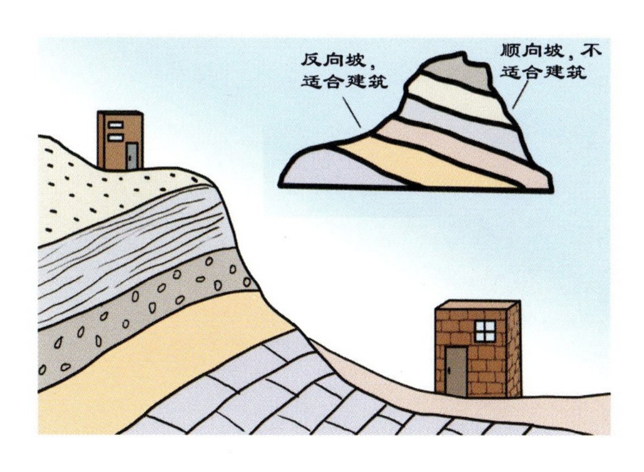

建在反向坡下的房屋建筑

滑坡灾害评价(识别、预测和预警)的科学方法

“以史为鉴，可以知兴替”。我们认识、研究已经发生的滑坡就是为了更好地在将来识别和预测滑坡，将滑坡造成的灾害降低到最小程度。从地质学上讲，我们主要是从滑坡所处的地质条件、地貌条件和水文气象条件去认识、研究滑坡的。

滑坡灾害评价的科学方法一般主要有地图分析、航空照片分析、野外调查、地质钻孔资料分析、滑坡变形以及孔隙水压力分析和地球物理方法分析等。需要注意的是滑坡灾害的评价工作一般需要由专业技术部门或机构(国土资源部门的地质队、水文队以及地质类科研院所等)来完成。

55 如何运用地图分析评价滑坡灾害?

专业人员通过对相关区域的地质图、地形图和地质构造图等图件进行分析可以初步判断可能发生滑坡的地段、潜在滑坡的规模大小以及滑坡诱发原因等。

地质图是表示地壳表层岩相、岩性、地层年代、地质构造、岩浆活动、矿产分布等的地图的总称。

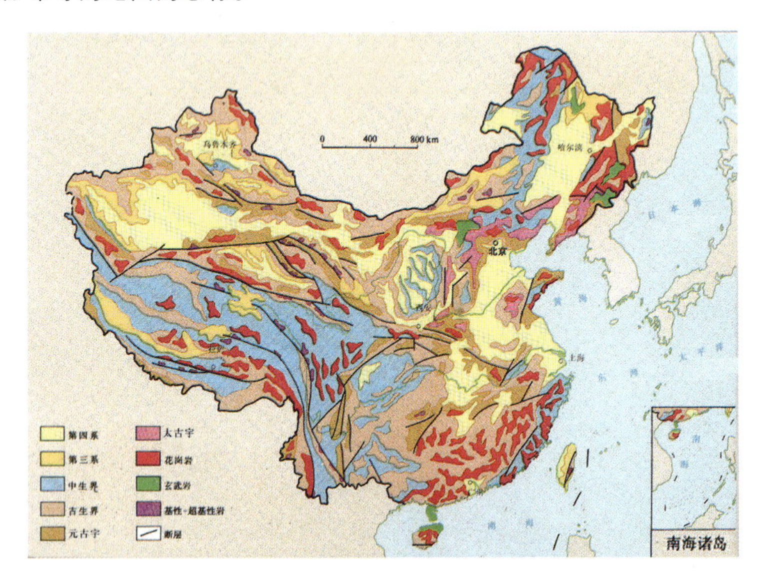

中国地质示意图

地形图是指将地面上的地物和地貌按水平投影的方法(沿铅垂线方向投影到水平面上),并按一定的比例尺,缩绘到图纸上的投影图。它能够表示地表的起伏形态和地物位置、形状在水平面上的投影。

地质构造是组成地壳的岩石、岩层和岩体在构造运动的作用下发生的变形或变位的形迹。构造图是指一个区域或构造单元的构造特征和构造发展历史的地质图件。

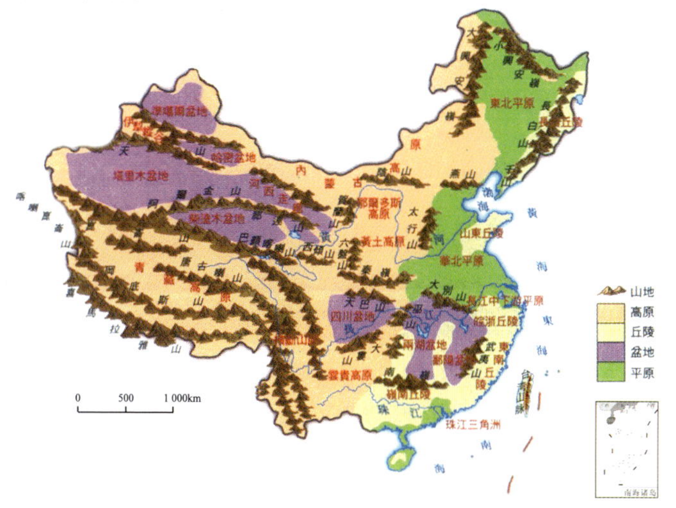

中国地形地貌分布示意图

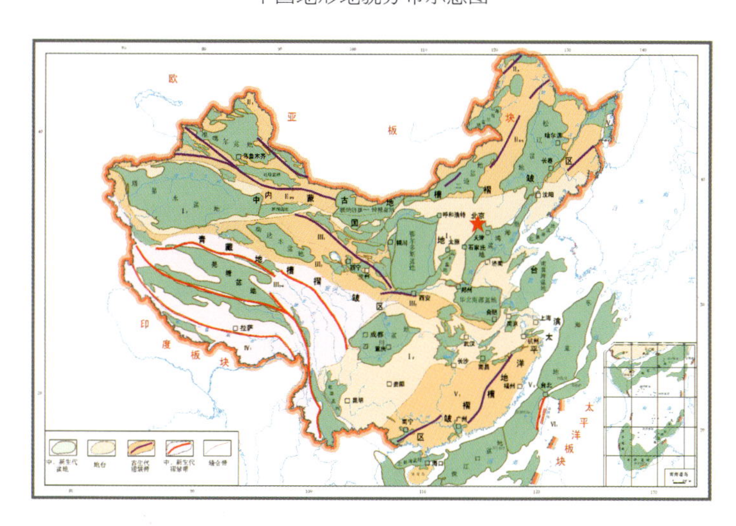

中国地质构造示意图

56 如何运用航空遥感照片评价滑坡灾害？

航空遥感照片的分析(解译)结果能够为专业技术人员提供某一地区的三维影像。专业技术人员通过对三维影像的人类活动(建房、修路、开矿等)和地质信息(岩石类型、河流等)的分析可以从宏观上评价滑坡灾害。

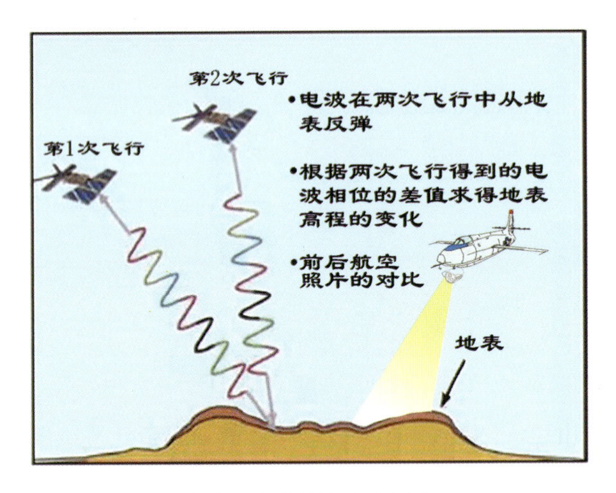

航空获取滑坡信息示意图

滑坡、泥石流阻断河道遥感影像图

无人机拍摄的汶川泥石流场景

57　如何运用野外调查评价滑坡灾害?

通过地图或航片，我们只能从整体或者说是大范围上对滑坡灾害进行评价，而对于山坡体(潜在的滑坡)微妙的运动信号甚至是显著特征如坡体裂缝、隆起却毫无察觉。如果某一地区又恰好被茂密的森林覆盖或已被完

全城市化,地图或航片的作用将会受到进一步的限制。因而,野外调查是进行滑坡灾害评价的必不可少的方法之一。

野外调查的主要内容是进一步确定潜在滑坡的岩土体的类型,坡体上裂缝、裂隙的大小与分布情况,水的分布情况(泉、小溪以及河流等),详细的地貌特征等。通过野外调查,专业技术人员一般可以在地图上圈定出潜在滑坡体存在的范围、规模,进一步判定可能诱发滑坡的因素(人为还是自然的)。

58 如何运用地质钻孔和平硐评价滑坡灾害?

地质钻孔和平硐是确定滑坡体的物质类型、滑动面的深度,推算滑坡体厚度、几何形状和地下水位的重要工具。从钻孔或平硐中获取的岩土体不仅可以用来测定滑坡年龄,还可以通过相关试验分析滑坡体的物理力学性质(密度、抵抗破坏的能力等)。另外,在钻孔和平硐中还可以安装一些观测地下水位、滑坡运动情况的仪器。而对那些没有发生过但存在滑坡危险性的地区,钻孔也用来提供地层、地质、地下水位的信息,并用来安装观测地下水位、岩土体运动情况等的仪器。

59 如何运用滑坡运动实时观测与预警系统评价滑坡灾害?

地图、航空遥感照片分析,野外调查,地质钻孔、平硐等方法虽然能够帮助专业技术人员识别潜在滑坡、评价滑坡的规模大小和预测滑坡的危害程度,但却不能直接作为预报滑坡何时发生的工具。而传统的简易观测方法,即使采用定期观测的方式,也无法在运动发生的瞬间马上得到滑坡运动的位移;并且在正在活动的

滑坡上进行调查工作往往也是很危险的;另外,滑坡的大规模运动常常发生在暴雨、山洪等环境较为恶劣的条件下。

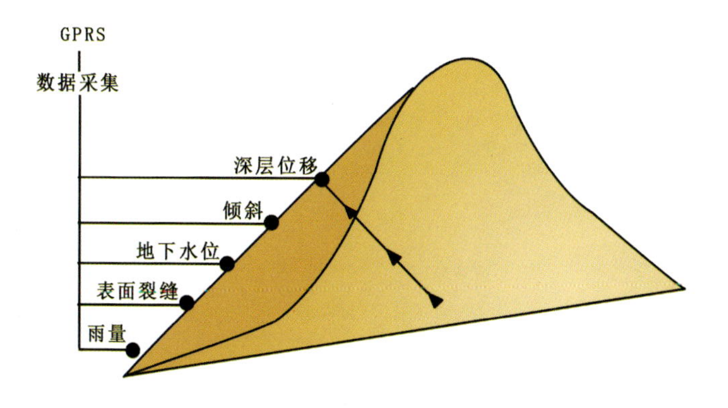

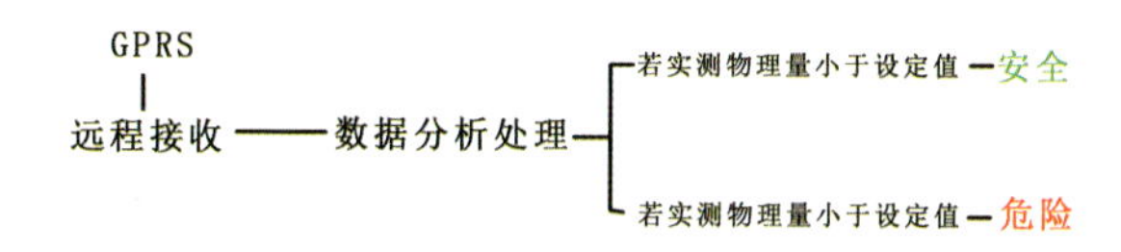

滑坡观测与预警系统示意图

GPS滑坡变形观测站

尽管目前准确地预报滑坡何时发生依旧是一个世界性难题，但专业技术人员通过在滑坡体上安装一系列观测仪器组成滑坡运动的实时观测与预警系统，还是可以判断出滑坡发生的大致时间并及时发出预警信息，将滑坡的危害程度降低到最小。

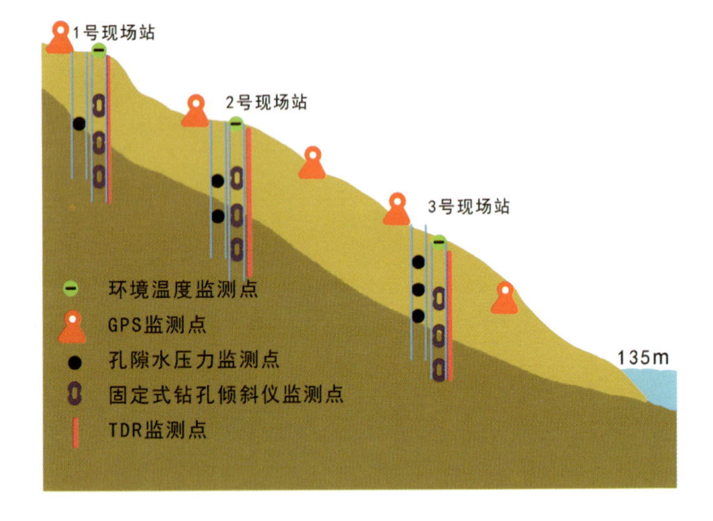

滑坡观测与预警系统设备示意图

60 滑坡的预警措施有哪些？

(1)国土部门要在滑坡体上以及滑坡附近设置警示牌，以提醒过往行人及当地群众防范滑坡，提高安全意识。

(2)滑坡体周围的群众可以组建一个巡逻队，定期安排人员到滑坡区域进行巡逻，观察、测量滑坡体上裂缝的扩展情况以及观察是否有滑坡前兆的出现，若滑坡前兆出现后要及时发出预警信息，组织群众有序撤离。

(3)气象部门与国土部门要及时通过媒体、短信等形式发布地质灾害预警信息，提醒当地群众采取相关措施。

61 你知道滑坡灾害防治小常识吗？

大量的滑坡惨痛教训表明，很多由滑坡导致的人员伤亡和财产损失是完全可以通过前期的滑坡地质灾害评估而避免的。修路、建桥选址之前要进行滑坡地质灾害评价；在山区建房尤其是房地产开发商大规模建房前要进行滑坡地质灾害评价；修建水库、开挖矿山以及削坡修路、建房等也要进行滑坡地质灾害的评价。

对于房地产业主和其他人来说，了解一些简单而且低技术含量的方法可以用来有效地减轻滑坡灾害带来的影响。在进行相关工程之前，首先找岩土工程专家或地质工程专家进行咨询通常是最好的办法，因为他们受过专门的训练，有解决斜坡稳定性问题的经验。而且最好是本地的公司或专家，因为他们最熟悉本地的地质情况、土质类型、地貌以及其他有关问题。当然，如果当地设有国土部门的地质队或水文队，也可以咨询相关的专业技术人员。

小提示

滑坡地质灾害评价的部门有国土资源部下设的地质调查研究院或中心、地质队、水文地质队、高等院校或研究所和一些公司企业，如岩土工程勘察设计公司、地质工程公司等。

滑坡治理与自救

治理滑坡应该坚持以防为主、综合治理、及时处理的原则。我国防治滑坡的工程措施很多，归纳起来分为3类：一是消除或减轻水的危害；二是改变滑坡体外形，设置抗滑建筑物；三是改善滑动带土石性质。

根据调查，80%以上的滑坡发生在雨季，与水（大气降水、地下水）作用有关系。因此，滑坡排水工程在滑坡防治中具有重要的意义。边坡排水之所以能有效地提高稳定性，是因为它不仅可以增强土体的强度，而且可以减轻滑坡体的重量。边坡排水可以是地表排水，也可以是地下排水。

62　排水为什么可以提高斜坡稳定性？

很多情况下，地下水往往是诱发滑坡最为重要的因素。无论是对已经存在的滑坡，还是对仅具有潜在滑坡危险性的斜坡，充分的排水无疑是斜坡治理过程中最为重要方法之一。排水之所以能有效地提高斜坡稳定性，是因为它不仅可以增强土体的强度，而且可以减轻滑坡体的重量。斜坡排水可以是地表排水或地下排水。一般而言，地表排水措施不需要太复杂的设计或太多的经费，但却可以起到很好地增强边坡稳定性作用。因此，无论是对具有潜在滑坡危险的斜坡，还是正在活动的滑坡，地表排水都是十分有效的方法。

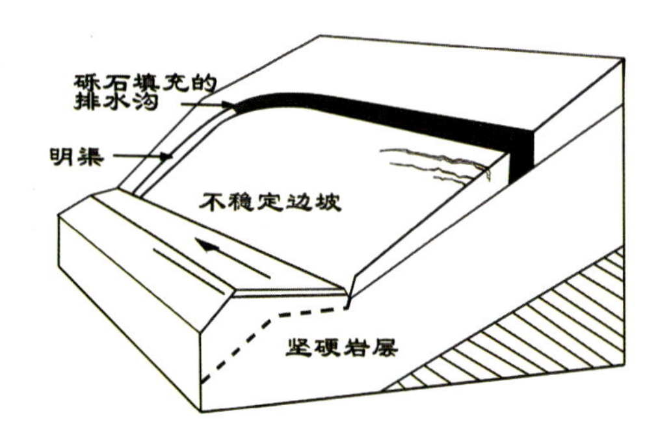

边坡地表排水可以通过地表排水沟或浅层的排水通道

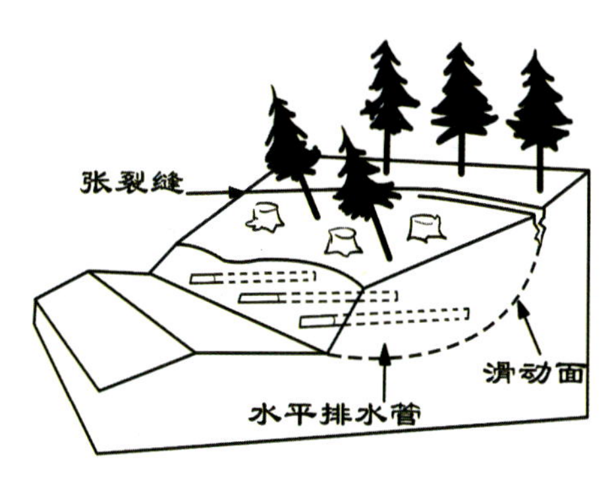

在高速公路建设中，水平排水管被广泛用来防治滑坡

63 治理滑坡过程中如何增强土体稳定性?

可通过改变滑坡体外形、设置抗滑建筑物来增强坡体稳定性。

(1)削坡减重。常用于治理处于“头重脚轻”状态而在前方又没有可靠抗滑地段的滑体，使滑体外形改善、重心降低，从而提高滑体稳定性。

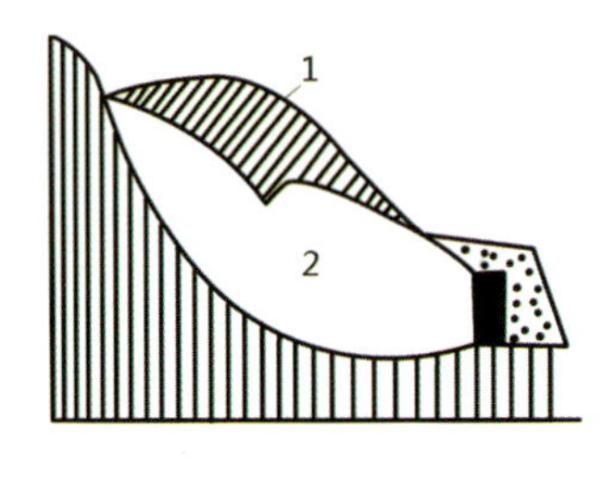

削头减载
1.削土减重部位;2.滑坡体

(2)修筑支挡工程。因失去支撑而引起滑动的滑坡，或滑坡床陡、滑动可能较快的滑坡，采用修筑支挡工程的办法，可增加滑坡的抗滑能力，使滑体迅速恢复稳定。支挡建筑物种类有抗滑桩、抗滑挡墙等。

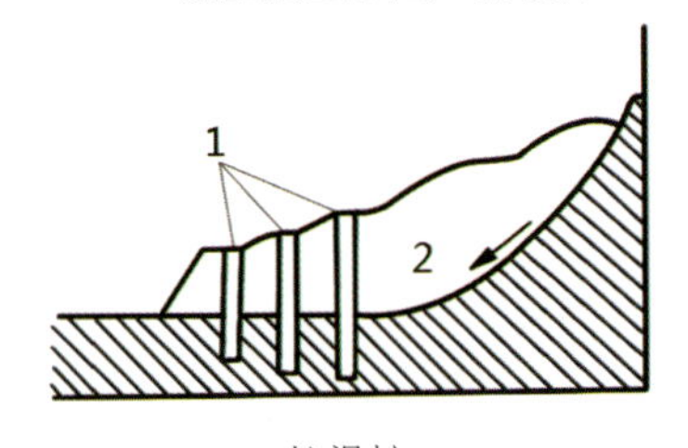

抗滑桩
1.抗滑桩;2.滑坡体

64　什么是挡土墙？它在滑坡治理中有何作用？

挡土墙是边坡防护与治理中广泛应用的一种构筑物，是一种能够抵抗侧向的土压力，用来支撑天然边坡或人工边坡，保持土体稳定的建筑物。抗滑挡土墙是滑坡防治中最常见的工程，建在滑坡前缘，阻挡滑坡滑动。

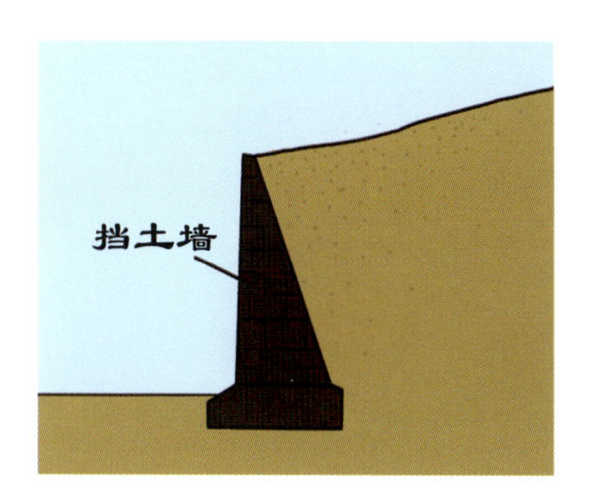

65　什么是抗滑桩？它在滑坡治理中有何作用？

抗滑桩是穿过滑坡体深入于滑床的桩柱，起置于滑坡体前部，或被保护对象下侧，用以阻止滑坡滑动，起到稳定边坡的作用。抗滑桩是滑坡防治常用的工程，在铁路、公路滑坡的防治中用得很广泛。

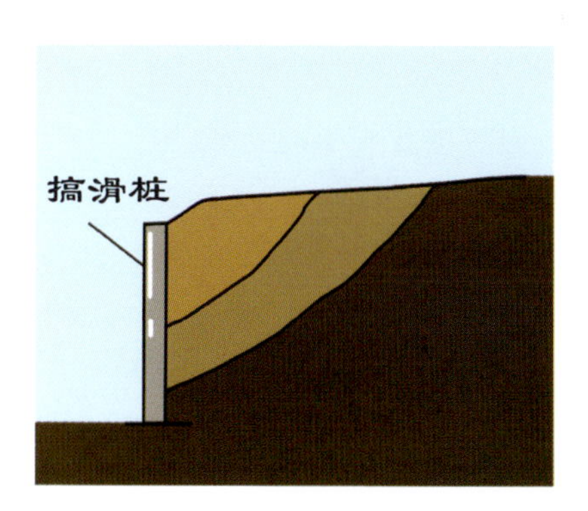

66 滑坡发生时应当如何自救？

(1)当遇到滑坡正在发生时，要保持镇静，不要惊慌失措。首先，迅速环顾四周，向较为安全的地段撤离。一般除高速滑坡外，只要行动迅速，都有可能逃离危险区段。跑离时，以向两侧跑为最佳方向。在向下滑动的山坡中，向上或向下跑均是很危险的。另外，要听从统一安排，不要自择逃生路线。

滑坡发生时逃生路线选择示意图

(2)当遇到无法跑离的高速滑坡时，更不能慌乱，在一定条件下，如滑坡呈整体滑动时，原地不动，或抱住大树等物，也可躲避在结实的障碍物下，或蹲在地坎、地沟里。应注意保护好头部，可利用身边的衣物裹住头部。

滑坡发生时自救措施

67 滑坡发生后实施救援的过程应该注意什么？

(1)发现受伤人员时应呼救“120”，呼救时应说明滑坡发生的时间、地点以及事件的性质，伤情、伤亡人数，急需哪方面的救援等。

(2)在施救的过程中，救援人员应从滑坡体的侧面进行挖掘，千万不要从滑坡后缘开始挖掘，那样会使滑坡加快；在救援过程中要先救人，后救物。

(3)滑坡停止后，不应立刻回家检查情况。因为滑坡会连续发生，不可贪恋财物，贸然回家，从而遭到第二次滑坡的侵害。只有当滑坡已经过去，并且自家的房屋远离滑坡，确认完好安全后，方可进入。

不能贸然回家

68 滑坡与其他灾害的联系是怎样的?

地震、火山喷发、洪水、崩塌、泥石流和滑坡等自然灾害有可能同时发生，或者其中的某些灾害发生后会诱发其他的灾害发生。

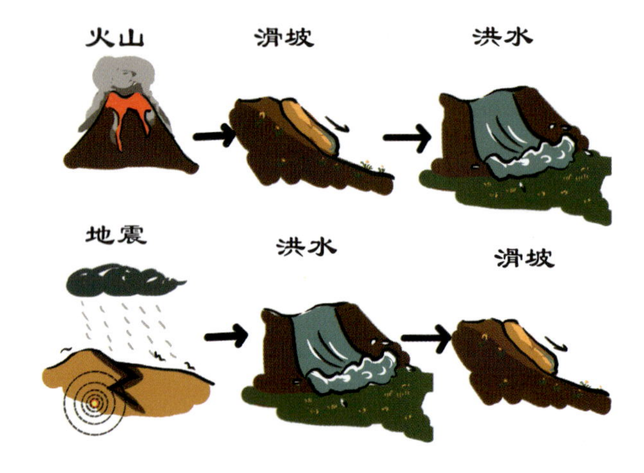

地震、火山喷发常常会诱发滑坡，滑坡又会诱发其他次生灾害，如洪水。如果火山喷发或地震造成大规模的滑坡体物质快速地滑入水体中（江河、湖泊、水库等），就很可能产生灾难性的涌浪（洪水）；如果这部分滑坡体恰好堵

2008年汶川地震诱发的唐家山堰塞湖

塞了河流，形成了滑坡堰塞湖，这就往往会给上游和下游地区带来潜在的洪水灾害。如2008年汶川地震诱发的唐家山堰塞湖就是一个典型的灾害链效应。

69 如何区分崩塌和滑坡？

（1）崩塌发生之后，崩塌物常堆积在山坡脚，呈锥形体，结构零乱，毫无层序；而滑坡堆积物常具有一定的外部形状，滑坡体的整体性较好。

（2）崩塌体完全脱离母体（山体），而滑坡体则很少是完全脱离母体的。多数部分滑体残留在滑床之上。

（3）崩塌发生之后，崩塌物的垂直位移量远大于水平位移量，其重心位置降低了很多；而滑坡则不然，通常是滑坡体的水平位移量大于垂直位移。多数滑坡体的重心位置降低不多，滑动距离却很大。

（4）滑坡下滑速度一般比崩塌缓慢。

揭秘泥石流

新闻三

2010年8月7日22时许，甘南藏族自治州舟曲县突降强降雨，县城北面的罗家峪、三眼峪泥石流下泄，由北向南冲向县城，造成沿河房屋被冲毁，泥石流阻断白龙江，形成堰塞湖。据中国舟曲灾区指挥部消息，截至21日，舟曲“8·7”特大泥石流灾害中遇难1 434人，失踪331人，累计门诊人数2 062人。

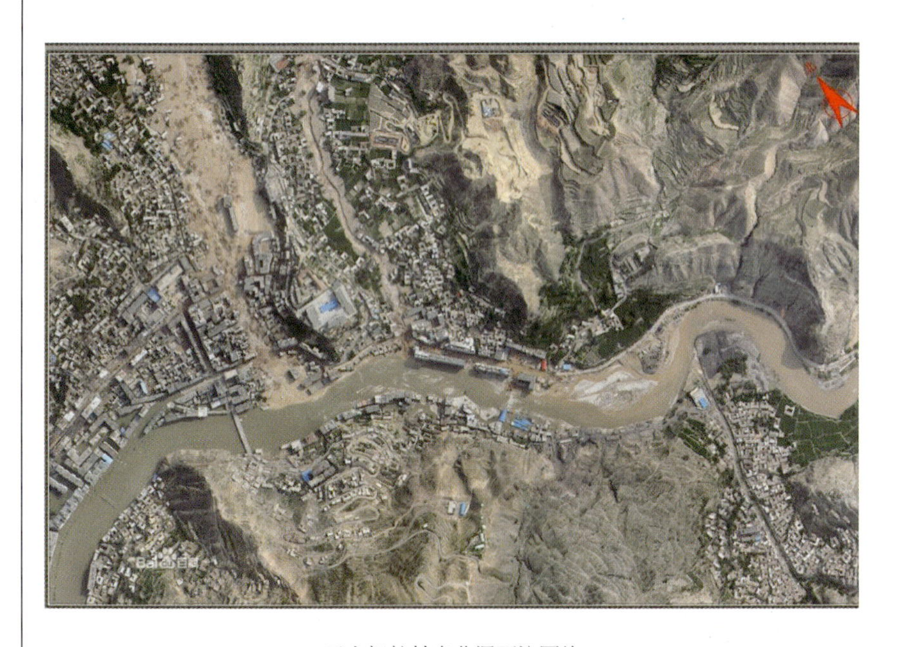

无人机航拍舟曲泥石流图片

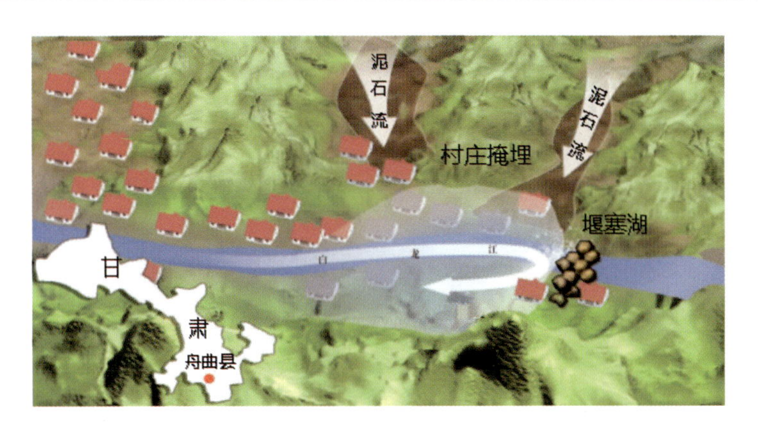

舟曲县受灾后图示

突如其来的山洪泥石流，袭击甘肃省甘南藏族自治州舟曲县，令“塞上小江南”顷刻改色。一个个鲜活的生命，或被泥沼无情掩埋，或在暴雨和泥石流的摧残中艰难挣扎。这让我们不禁想，泥石流到底是什么？为什么有这么大的破坏力？为什么会发生泥石流？

70 什么是泥石流？

泥石流是山区沟谷中，由暴雨、大量冰雪融水或江湖、水库溃决后大量快速的水流将山坡或沟谷中的大量泥沙、石块等固体碎屑物质一起冲走，形成含有大量泥沙、石块等固体物质的特殊洪流。泥石流往往突然暴发，浑浊的流体沿着陡峻的山沟奔腾咆哮而下，山谷犹如雷鸣，在很短时间内将大量

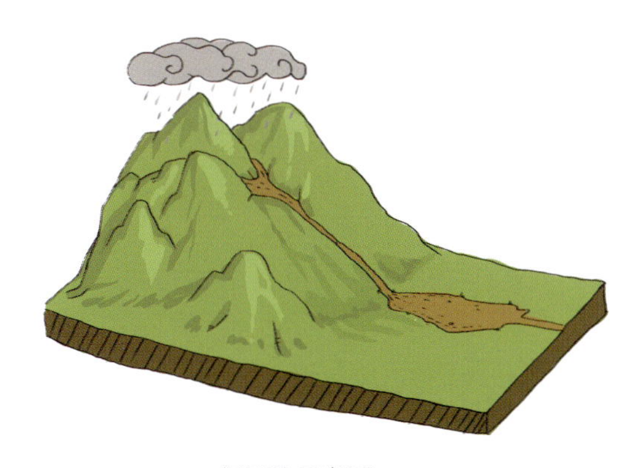

泥石流示意图

泥沙、石块冲出沟外，在宽阔的堆积区横冲直撞、漫流堆积，常常给人类生命财产造成很大危害。因而，泥石流也被山区的老乡形象地叫做“走蛟”、“出龙”、“蛟龙”等。

被泥石流淹没的房屋（汶川泥石流）

71　泥石流的特点是什么？

速度快

能量巨大

破坏性大

泥石流灾害具有暴发突然、运动速度快、能量巨大、来势凶猛、历时短暂和破坏力极大的特点，是各种自然因素和人类工程活动因素共同作用的产物。泥石流的运动特点是沿沟谷快速“流动”，如果其“流动”路径中没有较大的障碍物（天然或人工构筑的拦挡坝），泥石流通常要运动到宽阔的盆地或山麓平原后才会堆积下来。

72 为什么泥石流能搬运重达几吨的石头？

泥石流搬运的巨石

在泥石流经过的区域，我们常常看到散落在各处的大石头或者被巨石撞坏的房屋、街道。为什么泥石流有如此大的力气呢？

自然条件下的巨块石

泥石流形成初期的巨块石

随泥石流一起运动的巨块石

泥石流中的巨石形成过程示意图

泥石流能搬运巨石的主要原因：泥石流中快速运动的砂、石对巨石周围岩土体的强烈冲刷和摩擦作用使巨石很快失去了支撑，变得孤立、不稳；而

快速运动的泥石流对巨石又有很大的冲击作用，很容易推动孤立的巨石发生滚动或滑动；另外，泥石流的密度比水大得多，它会对孤立的巨石产生较大的浮力，这也使得巨石更容易被搬运。

73 泥石流都有哪些类型？

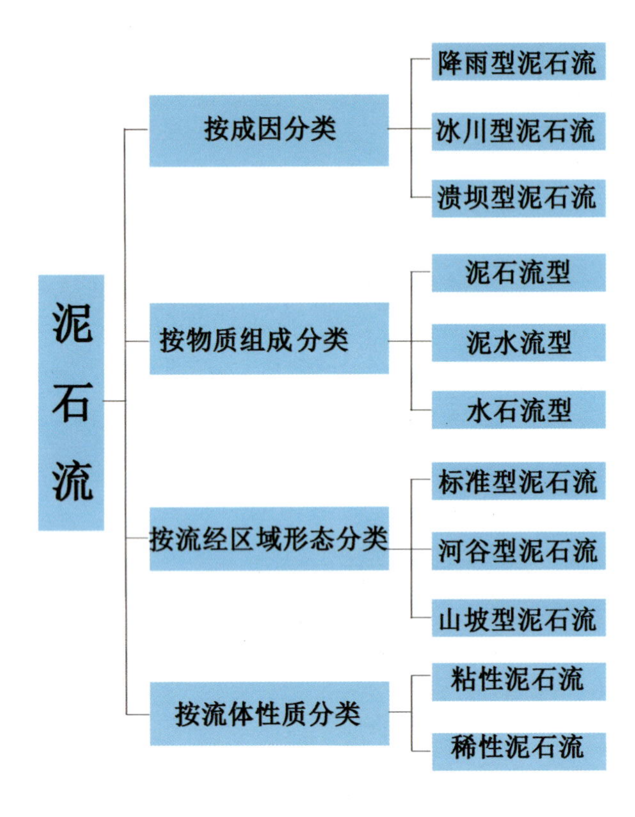

降雨型泥石流由大量降雨引发；冰川型泥石流是由冰川融化引发；溃坝型泥石流则由水库溃坝引发。

泥石流型泥石流由大量黏土、砂粒和石块组成；泥水流型泥石流含有大量黏性土为主、呈黏稠状；水石流型泥石流主要由水、砂粒和石块组成。

标准型泥石流在形状上呈扇形；河谷型泥石流呈狭长条形；山坡型泥石流呈漏斗状。

74　何为黏性泥石流?

黏性泥石流是含大量黏性土的泥石流或泥流，水和泥砂、石块凝聚成一个黏稠的整体。其特征是黏性大、稠度大、石块呈悬浮状态，暴发突然，持续时间短，破坏力大，浮托力大。当泥石流在堆积区不发生散流时，将以狭长带状如长舌状一样向下奔泻和堆积。

粘性泥石流

75　何为稀性泥石流?

稀性泥石流，以水为主要成分，黏性土含量少，水为搬运介质，石块以滚

泥流型泥石流

动或跳跃的方式前进，其堆积物在堆积区呈扇状，堆积后往往形成“石海”。稀性泥石流在堆积区呈扇状散流，将原来的堆积扇切割成条条深沟。

76　什么叫泥石流的形成区、流通区和堆积区？

泥石流形成的山谷或山坡叫做形成区或泥石流的上游。泥石流的形成区多为三面环山、一面出口的半圆形宽阔地段，周围的山坡陡峭，山坡表面的岩土体破碎、松散、植被稀少。

形成区示意图

形成区

泥石流流经的沟段叫做流通区或泥石流的中游。泥石流的流通区多为狭窄和深度很大的峡谷或冲沟，峡谷或冲沟的两壁陡峻、有较多的陡坎。

流通区示意图

流通区

泥石流堆积的地段叫做堆积区或泥石流的下游。泥石流堆积区一般位于开阔平坦的山口外或者山间盆地边缘，常常形成扇形、锥形或带形的堆积地貌。

堆积区示意图

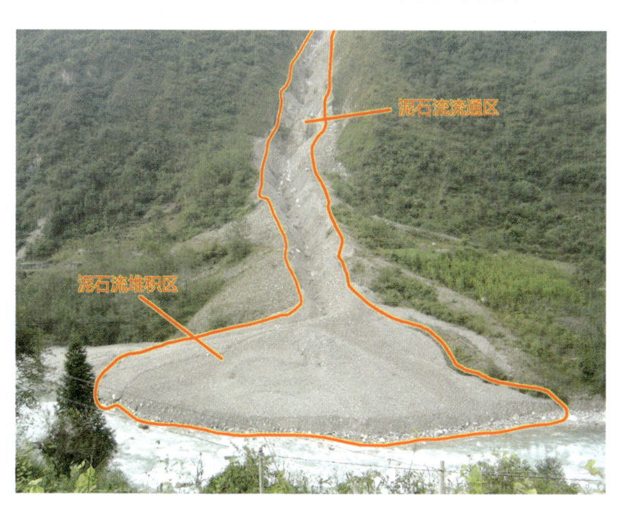

77 我国哪些地方容易发生泥石流?

我国泥石流分布，大致以大兴安岭—燕山山脉—太行山山脉—巫山山脉—雪峰山山脉一线为界。该线以东，泥石流分布零星，该线以西的山区是泥石流集中分布区，成片的集中在青藏高原东南缘山地，四川盆地周边山地，以及陇南—陕西、晋西、冀北等黄土高原东缘等山区。

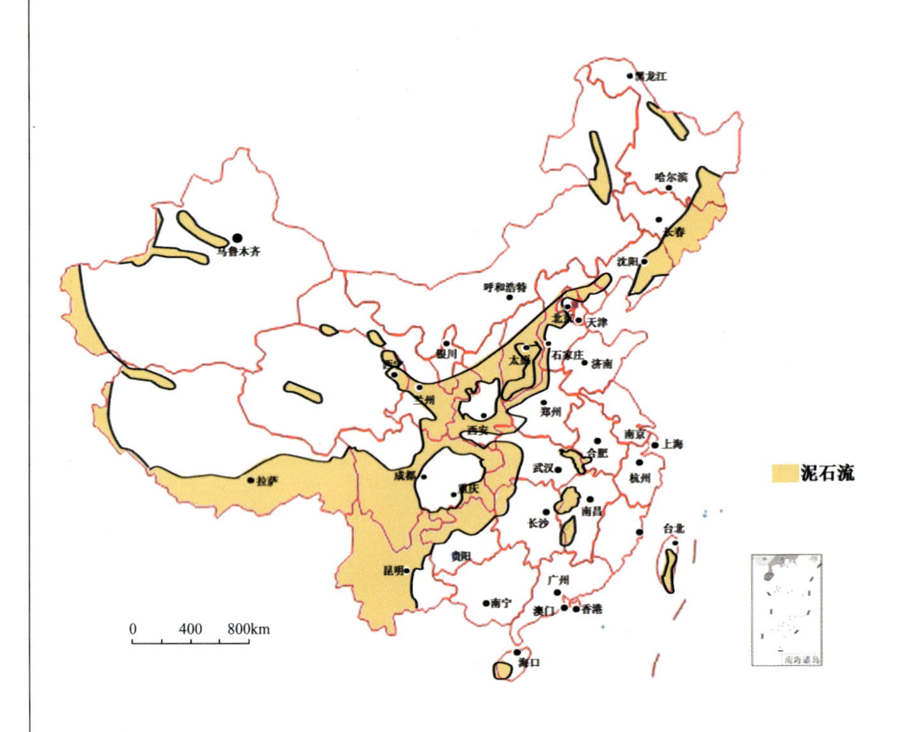

中国泥石流分布示意图

泥石流的危害

在顺坡向下的运动过程中，泥石流会冲毁城镇、矿山、乡村，造成人畜伤亡，破坏房屋及其他工程设施，破坏农作物、林木及耕地。此外，泥石流通过大量砂土和岩屑也会淤塞河道，不但阻断航运，还可能影响水质，引起水灾。

78　泥石流对矿山有什么危害？

摧毁矿山及其设施，淤埋矿山坑道，伤害矿山人员，造成停工停产，甚至使矿山报废。

79　泥石流对交通设施有什么危害？

泥石流可直接埋没车站、铁路、公路，摧毁路基、桥等设施，致使交通中断，还可使正在运行的火车、汽车颠覆，造成重大的人员伤亡事故。有时泥石流汇入河流，引起河道大幅度变迁，间接毁坏公路、铁路及其他构筑物，甚至迫使道路改线，造成巨大经济损失。

80　泥石流对水利水电工程有什么危害？

冲毁水电站、引水渠道及过沟建筑物，淤埋水电站尾水渠，并淤积水库、磨蚀坝面等。

81 泥石流对居民点有什么危害?

泥石流最常见的危害之一是以较快速度冲进乡村、城镇，摧毁房屋、工厂、企事业单位及其他场所、设施。最终淹没人畜，毁坏土地，甚至造成村毁人亡的灾难。例如，1969年8月，云南大盈江流域弄璋区南拱泥石流使新章金、老章金两村被毁，97人丧生，经济损失近百万元。

泥石流发生的规律与诱发因素

82　泥石流发生的时间规律有哪些?

(1)季节性。我国泥石流的暴发主要是受连续降雨、暴雨,尤其是特大暴雨、集中降雨的激发。因此,泥石流发生的时间规律与集中降雨时间规律相一致,具有明显的季节性,一般发生在多雨的夏、秋季节。因集中降雨的时间差异而有所不同。

(2)周期性。泥石流的发生受暴雨、洪水的影响,而暴雨、洪水总是周期性地出现。因此,泥石流的发生和发展也具有一定的周期性,且其活动周期与暴雨、洪水的活动周期大体相一致。泥石流的发生一般是在一次降雨的高峰期,或是连续降雨的稍后。

当暴雨、洪水两者的活动周期与季节性相叠加,常常形成泥石流活动的一个高潮。

83　诱发泥石流的自然因素有哪些?

(1)地形地貌。易发生泥石流的地形具备山高沟深、地形陡峻,流域形状便于水流汇集等特点。易发生泥石流的地貌一般可分为形成区、流通区

和堆积区3部分。上游形成区的地形多为三面环山，一面出口的瓢状或漏斗状，地形比较开阔、周围山体破碎、植被生长不良；中游流通区的地形多为狭窄陡深的峡谷，谷床纵坡降大；下游堆积区的地形为开阔平坦的山前平原或河谷阶地。

（2）松散物质。泥石流常发生于地质构造复杂、断裂褶皱发育，新构造活动强烈，地震烈度较高的地区。地表岩石破碎，崩塌、滑坡等不良地质现象发育，为泥石流的形成提供了固体物质来源。

（3）水源。我国泥石流的水源主要是暴雨、长时间的连续降雨等。

84 人类的哪些活动会诱发泥石流?

(1)不合理开挖。有些泥石流是由于修建公路、水渠、铁路以及其他建筑活动的不合理开挖引起山坡表面的破坏,改变地形条件,使坡面变陡而形成的。

(2)不合理的弃土、弃渣、采石。为泥石流的发生提供大量的松散物质来源。

(3)滥伐乱垦。滥伐乱垦会使植被消失,从而山坡失去保护,土体疏松、冲沟发育大大加重了水土流失现象,使山坡的稳定性进一步被破坏,而后崩塌、滑坡等不良地质现象发育,结果就很容易产生泥石流。

85 为什么地震作用会引发泥石流?

地震和地震引发的崩塌、滑坡破坏了山体稳定性,为泥石流提供了充足

的松散固体物质；地震活动加剧沟谷侵蚀，为泥石流的汇流和松散物质的产生和运移提供了有利条件；同时，地震破坏了大部分原有的泥石流防护工程。在雨季或潮湿的地方，当山坡上或坡脚有处于极限平衡状态的饱和土体时，在强烈振动下，这部分土体结构破坏，便转变为泥石流；在高山冰川区，地震引起的雪崩冰崩堆积于沟道，在高温天气下迅速消融，与冰碛物和沟床物质混合而形成泥石流。

86　暴雨季节为何要特别防范泥石流？

我国泥石流的暴发主要是受连续降雨、暴雨，尤其是特大暴雨、集中降雨激发的，泥石流发生的时间规律与集中降雨时间规律相一致，且具有明显的季节性，一般发生在多雨的夏、秋季节，各地区爆发泥石流情况因集中降雨时间的差异而有所不同。因此，在暴雨季节要特别注意防范泥石流。例如，2011年8月22日湖北省宜昌市兴山县、神农架林区遭到暴雨袭击，209国道沿线多处路段发生泥石流等灾害。

209国道宜昌至神农架白沙河段发生泥石流

泥石流的防范措施与自救

87 泥石流可以防治吗?

可以。泥石流防治是一项由多种措施组成的系统工程。它主要由4方面措施组成:①防止和削弱泥石流活动的防治体系——通过生物措施和工程措施,保护和治理流域环境,消除或削弱泥石流发生条件;②控制泥石流运动的防治体系——采用拦挡坝、谷坊、排导沟、停淤场等工程措施,调整和疏导泥石流流通途径和淤积场地,减少灾害破坏损失;③预防泥石流危害的防护工程体系——修建渡槽、涵洞、隧道、明硐、护坡、挡墙、顺坝、丁坝等工程,对重要危害对象进行保护;④预测、预报及救灾体系——对于遭受泥石流严重威胁的居民、企业和重要工程设施,及时搬迁、疏散,受灾时有效地抢险救灾,减少灾害破坏损失。

88 我国泥石流预测预报的方法有哪些?

(1)在典型的泥石流沟进行定点观测研究,力求解决泥石流的形成与运动参数问题。如对云南省东川市小江流域蒋家沟、大桥沟等泥石流的观测试验研究;对四川省汉源县沙河泥石流的观测研究等。

(2)调查潜在泥石流沟的有关参数和特征。

(3)加强水文、气象的预报工作,特别是对小范围的局部暴雨的预报。因为暴雨是形成泥石流的激发因素。比如,当月降雨量超过350mm时,日降雨量超过150mm时,就应发出泥石流警报。

(4)建立泥石流技术档案,特别是大型泥石流沟的流域要素、形成条件、灾害情况及整治措施等资料应逐个详细记录,并解决信息接收和传递等问题。

(5)划分泥石流的危险区、潜在危险区或进行泥石流灾害敏感度分区。

(6)开展泥石流防灾警报器的研究及室内泥石流模型试验研究。

89 监测泥石流活动的现代技术手段有哪些?

区域宏观监测主要还是以遥感解译为主。2010年8月7日晚至8日凌晨,甘肃省甘南州舟曲县强降雨引发泥石流灾害,中国科学院对地观测与数字地球科学中心启动地质灾害应急响应机制,获取了2010年4月15日灾前SPOT

卫星遥感数据，并从总参测绘局获得2010年8月8日灾后航空遥感数据。利用上述数据，中心科研人员对舟曲县泥石流灾害进行了信息提取和对比分析。

舟曲泥石流发生前后对比

具体到某一泥石流沟，可采用泥石流次声波报警器进行监测。次声波泥石流监测预警系统是根据泥石流在形成和运动过程的声发射信号中有次声成分(其他为可闻声和地声)。这种次声称为确定性信号，速度约为340m/s，远大于泥石流的10m/s运动速度，以空气为介质传递，几乎不衰减，因而报警器能在泥石流到达之前率先捕捉到它的次声信号，并在10km以外的泥石流源区发生泥石流时发出警报，为防灾减灾赢得了宝贵的时间，能有效避免重大人身伤亡和经济损失。

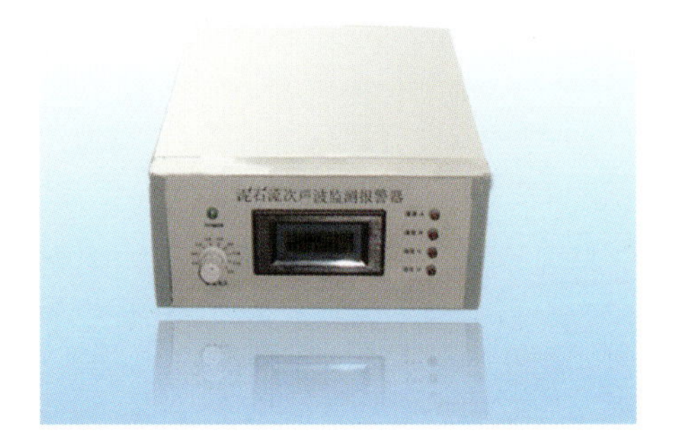

90 泥石流发生前有什么征兆？

（1）山区遇有暴雨或连续降雨数日时，要提高警惕。

（2）河流突然断流或水势突然加大，并夹有较多柴草、树枝。

（3）山区小型沟谷的沟槽有严重的塌岸、堵塞现象。

（4）沟谷深处变昏暗并伴有巨大轰鸣声或轻微振动感。

91　泥石流征兆出现后应该采取哪些措施？

当沟内有轰鸣声、河水上涨或者突然断流时，应意识到泥石流很可能马上就会发生。此时应立即报告当地政府或有关部门，同时通知其他受到威胁的人群，采取逃生措施。

在沟谷内逗留或活动时，一旦遇上大雨、暴雨，要迅速转移到安全的高地，不要在低洼的谷底或陡峻的山坡下躲避、停留。

92　为什么泥石流过后要特别注意饮用水安全？

山区居民多以泉水、井水为饮用水源，发生泥石流以后，灾区的卫生条件差，很多传染疾病都是通过水源来传播的。饮用水要经过澄清、过滤，用漂白粉消毒后才可饮用；若

山区水源点

水源被污染，应立刻停止使用被污染的水，以免发生中毒现象。

93 泥石流发生后应该预防哪些疾病？

（1）泥石流灾害过后容易发生呼吸道传染病和肠道传染病。呼吸道传染病主要包括感冒、结核病、流脑等疾病，肠道传染病主要包括肠炎、痢疾等。为预防这些传染病，要及时发现、诊断、治疗和隔离病人，搞好环境卫生，经常清扫，建立并管好厕所，不要随地大小便，粪便和垃圾定时清理（掩埋或焚烧），消灭蚊蝇滋生场所，病人的粪便和呕吐物最好加入漂白粉处理。

（2）发生泥石流以后，人畜共患疾病和自然疫源性疾病也是洪涝期间极易发生的，如鼠媒传染病、寄生虫病、虫媒传染病等。淹死、病死的禽畜不能食用，应掩埋或焚烧，饭前便后要洗手，用漂白粉或漂白粉精片（净水片）消毒生活用水，不喝生水，食物尽量煮熟再吃，不吃不干净和变质的食物。

（3）灾害期间常见皮肤病有浸渍性皮炎（"烂脚丫"、"烂裤裆"）、虫咬性皮炎、尾蚴性皮炎。在清理废墟时要扎紧衣袖裤口，勿坐、卧草地；夜间睡眠时尽可能使用蚊帐并外涂驱蚊露，以减少蚊虫叮咬；皮肤发生问题后要及时就诊，以免加重病情；对于各种皮肤创伤，要尽快消毒包扎以避免进一步感染。

泥石流发生后要及时进行消毒

94 居民建筑选址如何避开泥石流？

（1）泥石流一般沿着山区沟道发生，所以，房屋应避免建在沟口和沟道上。

（2）从长远观点看，山区的绝大多数沟谷今后都有发生泥石流的可能。因此，在村庄选址和规划建设过程中，房屋不能占据泄水沟道，也不宜离沟岸过近；已经占据沟道的房屋应迁移到安全地带，避免造成重大损失。对于无法搬迁的房屋，可以在房屋四周建好保护结构或者用沙包将泥石流从房屋周边引开。

位于泥石流沟口或沟道上没有采取保护措施的房屋

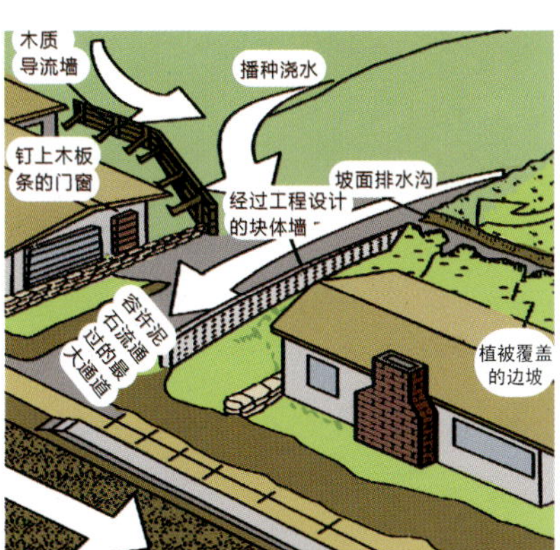

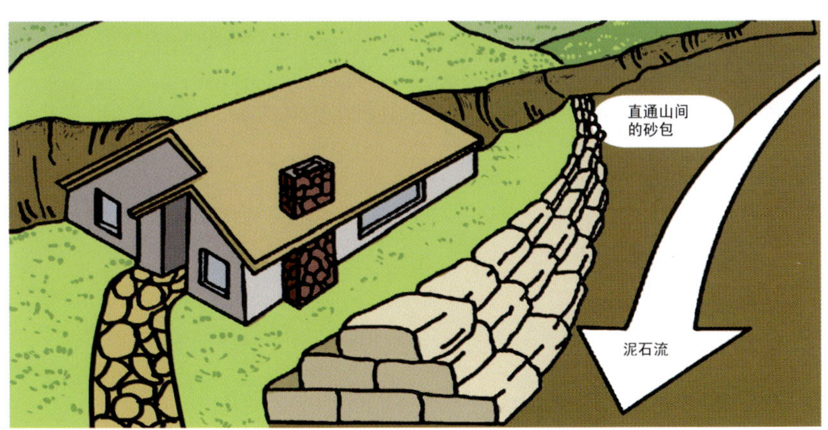

95 外出旅游如何防范泥石流？

（1）在计划出行旅游路线时，有意识地避开泥石流易发、高发区。如在夏季外出旅游时，尽量避开西南地区如四川、贵州、云南等地。

（2）旅游途中，要关注天气变化和国土资源部发布的滑坡地质灾害预警信息，避免进入泥石流危险区域。当遇上大雨或大暴雨时，安排人员值班，一有情况及时叫醒睡觉的人；时刻注意屋外异常的声音，如树木被冲倒、石头碰撞的声音；注意观察沟水流动的情况，如沟水突然断流或十分混浊时，意味着泥石流将要发生或已经发生，应立即撤离。

（3）如果旅游过程中恰巧碰到泥石流，要向与泥石流成垂直方向一边的山坡上面爬。

96 治理泥石流的工程措施有哪些？

（1）稳沟工程。在沟上游和支沟等泥石流形成区的沟道上修建谷坊坝群，起到拦蓄部分泥沙石块、防止沟道下切、稳定沟岸与山坡、减少进入沟道的松散碎屑物质，从而减少泥石流发生的作用；即使泥石流发生，因谷坊坝拦蓄的泥沙石块平缓了沟道的纵坡，也可减小泥石流的流速。

涉县马偹流域龙虎村谷坊坝

（2）拦挡工程。在泥石流沟中、下游的适当位置修建拦挡坝，拦截泥石流，削减下泄的泥石流流量，减轻泥石流对下游的危害。

北京密云潘子岭牌西沟泥石流拦挡坝

（3）排导工程。在泥石流沟的下游或泥石流堆积扇上修建排导槽或导流堤，将泥石流顺利排泄到指定地点（主河或停淤场），防止保护对象遭受泥石流破坏。

在泥石流沟治理中，根据治理目标，可采取一种措施或综合运用多种措施。工程措施见效快，但投资大，并有一定的运行年限限制。

湖州市导流东大堤成为生态堤

97　如何通过生物措施来防治泥石流？

泥石流防治的生物措施是通过种植植被以防止或减少泥石流危害，可

植被护坡技术

减少水土流失，削减地表径流和松散固体物质补给量，又可改善流域生态环境，是治理山区泥石流的根本性措施之一。随着时间的推移，生物措施变得越来越不显眼，并逐渐融合到自然环境中去。这对环境稳定性要求较高的地区，如公园、河岸地区和风景区等最为实用。在大多数情况下，当地的草、灌木和树都可以用于生物措施中来防治泥石流。

98　泥石流发生时如何自救？

当遇到泥石流发生时，应冷静镇定，尽量做到以下几点。

（1）千万不要趴在树上来躲避泥石流。

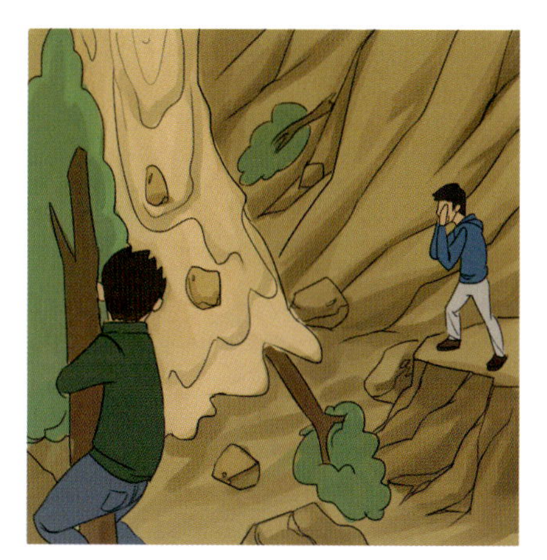

（2）不能停留在陡坡土层较厚的低洼处或大石头后面。

(3)要马上向与泥石流流向呈垂直方向的两边山坡上跑,绝对不能向泥石流流动方向跑。

(4)应立即向当地政府及业务主管部门报告。

泥石流避灾口诀:下暴雨,泥石流,危险之地是下游,逃离别顺沟底走,横向快爬上山头,野外露营不选沟,进山一定看气候。

99　泥石流发生后灾区最需要哪些救灾物资?

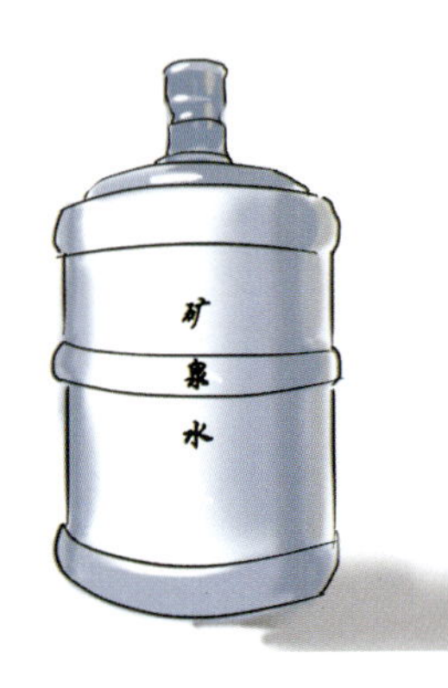

泥石流灾害发生后,灾区的房屋和公共设施(道路、电力线路、燃气管道等)都会遭到不同程度地损害,原有水源也会受到不同程度地污染,而救灾人员和灾区人民都在全力以赴抢救生命财产。因此，泥石流发生后方便食

品和饮用水对灾区非常重要。

消毒及常用抗菌消炎、镇痛药品、绷带和夹板(医用酒精、抗生素、阿莫西林、止泻药等)是灾区抢救伤员和治疗灾后突发疾病的必备药品和医疗器械。

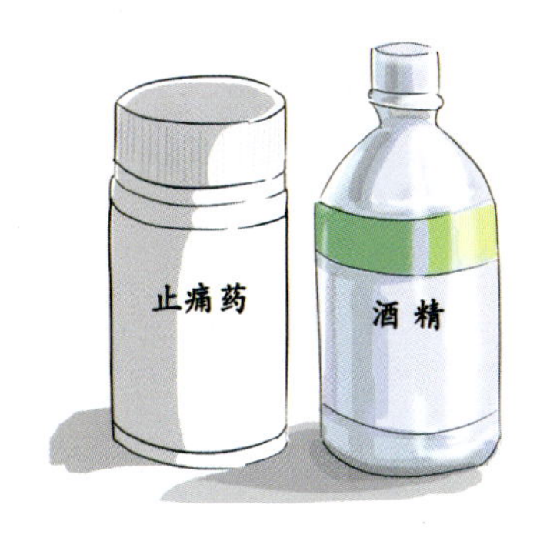

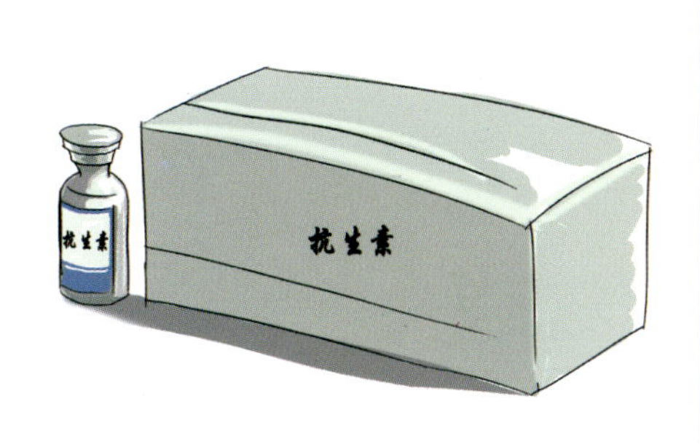

帐篷可以为失去家园的灾区人民和救灾人员提供短暂的栖息场地。

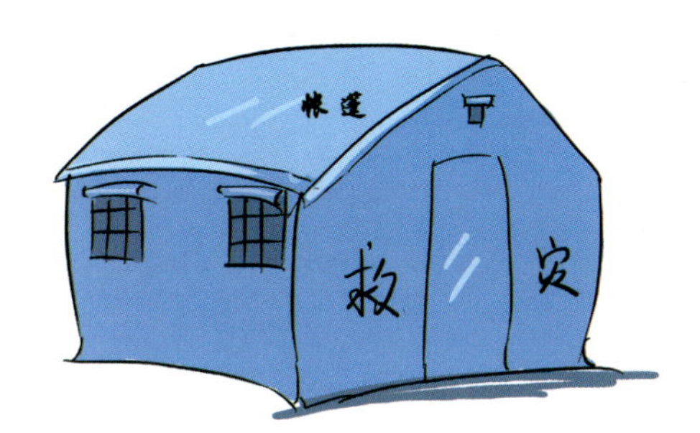

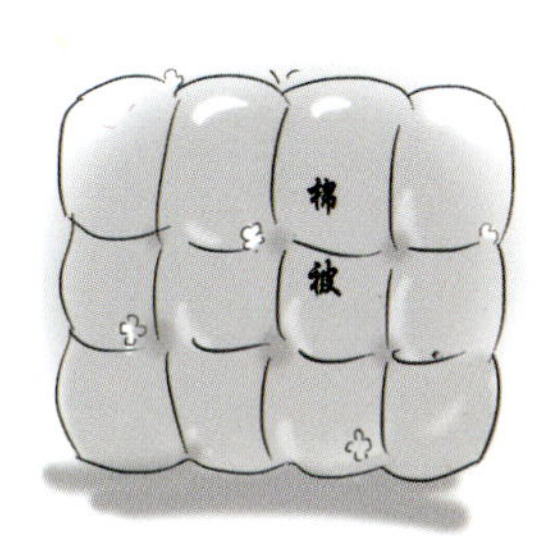

100　泥石流灾害抢险救援“利器”？

(1)挖掘机。在泥石流灾害中,挖掘机是排险的首要工具。它能够快速的打捞淤泥,开辟河道,有效帮助泄洪。此外,挖掘机还可排除受灾现场的淤泥、淤水,开辟出一个操作面,从而让更多的大型机械设备能够进入搜救

现场，开展搜救工作，为受灾群众打开生命之路。甘肃舟曲的泥石流救援中就大量的使用挖掘机，使救援工作能够快速展开。

（2）装载机：在泥石流灾害抢险救援中，装载机铲运沙袋、清理石块、转运灾民，成为抢险救灾的利器。

(3)汽车起重机。由于在救援中需要长距离地进行转场，汽车起重机机动灵活，长吊臂搭配吊篮，常常被应用在远距离救援中。泥石流通常来势凶猛，在救援人员无法近距离救援时，使用吊车能有效快速地解救被困群众。

例如，2010年8月12日至13日，都江堰市虹口乡连续遭遇两场泥石流。本来不大的三组村被泥石流冲成了3座“孤岛”，180多人被困。14日早上6时，救援人员利用大型吊车营救被困群众，3个“孤岛”上的村民聚集在泥石流对岸，到14日下午2时，共吊出138人，至14日下午4时，被困“孤岛”的180多人全部被安全转移出来。

图书在版编目(CIP)数据

地质灾害100问 /项伟编著. —武汉：中国地质大学出版社有限责任公司,2013.9(2016.1重印)

ISBN 978-7-5625-3242-2

Ⅰ.①地… Ⅱ.①项… Ⅲ.①地质-自然灾害-灾害防治-问题解答Ⅳ.①P694-44

中国版本图书馆 CIP 数据核字(2013)第202932号

丛书策划：毕克成
责任编辑：蒋海龙
封面设计：魏少雄
责任校对：代　莹

地质灾害100问

项伟　编著

中国地质大学出版社有限责任公司出版发行
(武汉市洪山区鲁磨路388号　邮政编码430074)

各地新华书店经销　武汉中远印务有限公司印刷
开本 880×1 230　1/32　字数：115千字　印张：4
2013年9月第1版　2016年1月第2次印刷

ISBN 978-7-5625-3242-2　定价：18.00元